新疆棉花生产与

绿色高质高效植棉技术

李雪源　王俊铎 ◎ 主编

中国农业出版社

北　京

图书在版编目（CIP）数据

新疆棉花生产与绿色高质高效植棉技术／李雪源，
王俊铎主编 . —北京：中国农业出版社，2025.6
　 ISBN 978 - 7 - 109 - 27457 - 0

　 Ⅰ.①新…　 Ⅱ.①李…②王…　 Ⅲ.①棉花—栽培技
术—新疆　 Ⅳ.①S562

中国版本图书馆 CIP 数据核字（2020）第 195638 号

新疆棉花生产与绿色高质高效植棉技术
XINJINAG MIANHUA SHENGCHAN YU LÜSE GAOZHI GAOXIAO
ZHIMIAN JISHU

中国农业出版社出版
地址：北京市朝阳区麦子店街 18 号楼
邮编：100125
责任编辑：郭银巧　 文字编辑：李　莉
版式设计：杨　婧　 责任校对：吴丽婷
印刷：中农印务有限公司
版次：2025 年 6 月第 1 版
印次：2025 年 6 月北京第 1 次印刷
发行：新华书店北京发行所
开本：880mm×1230mm　 1/32
印张：9.5
字数：265 千字
定价：98.00 元

编 委 会

事棉花育种及栽培技术研究工作，具有厚实的理论功底和丰富的实践经验，对新疆棉花有着深厚的感情和责任心，从字面看，该书反映的是新疆植棉的基本情况，但更多的是各自实践工作的总结，具有明显的新疆特色。本书既反映了新疆棉区水、土、生态等基本情况，也反映了从播前、播种、生长各时期到采摘涉及的各项技术，体现了新疆棉区生态特点和栽培模式，不失为一部适合从事棉花教学、科研及技术推广人员使用的工具书，对新疆棉花实现高产高效具有重要的参考价值。

　　阅毕，我相信该书的出版为广大棉业工作者全面了解新疆棉花，研究新疆棉花，解决新疆棉花生产问题，提供了很好的参考依据。

中国工程院院士

新疆为我国最大的棉花生产基地。自 2018 年以来，新疆棉花种植面积、总产、单产、商品出口率、调出量、人均占有量连续 27 年排列全国第一。棉花是新疆第一大经济支柱产业，其生产具有极强资源禀赋优势，2018 年棉花资源禀赋系数高达 61.88。新疆在我国棉花生产中的战略地位十分突出。

提升新疆棉花综合生产能力和创新服务能力，是摆在广大科技人员面前的重要任务。为促进新疆棉花绿色健康可持续发展，李雪源研究员、王俊铎研究员组织编写了《新疆棉花生产与绿色高质高效植棉技术》一书。此书是在《新疆棉花高效栽培技术》的基础上进一步丰富完善，修订了新疆棉花生产概况、新疆棉花栽培，丰富了新疆棉花种植条件，增加了新疆棉花品质区划、新疆机采棉整体质量提升方案，更新了新疆棉花种植技术规程等，因此，更名为《新疆棉花生产与绿色高质高效植棉技术》。

本书紧扣新疆棉花生产实际，以翔实的资料、数据，简洁的表述方式，从新疆棉花生产概况、植棉生态条件、种植及品质区划、种植模式及种植制度、品种审定及良种选用、生长发育的环境条件、播前准备及播种、棉花生长发育规律、棉花栽培、灌溉及模式、采收、防灾减灾、种植技术规程等方面介绍了新疆棉花生产与绿色高质高效植棉技术，既反映了新疆棉区水、土、生态等基本情况，也反映了从播前、播种、生长各时期到采摘涉及的各项技术，体现了新疆棉区生态特点和栽培模式，为大家了解新疆棉花提供了基本信息资料，是对新疆棉花生产及栽培实践的概括总结。

本书在编写过程中，坚持他人研究与自己研究结合、知识点与理论结合、技术与经验结合、新技术与传统技术结合，是一本集生产、科研、科普于一体，可读性强的实用技术读物。由于时间和知识水平有限，书中难免存在疏漏，敬请业界专家老师及广大读者批评指正，并恳请提出宝贵意见和建议，以便今后修改和完善。

编　者

MU
LU
目 录

序
前言

目　录

第 一 章

新疆棉花生产概况

第一节　新疆植棉史

一、古代植棉史

新疆是我国最早植棉的地区之一。根据出土文物和古籍记载，新疆植棉的历史约有两千年，自东汉起至南北朝时期，塔里木盆地各地和吐鲁番地区相继种植了棉花，并有了棉纺织手工业。如民丰县出土的东汉墓中已有了土蜡染布及白布裤、手帕等棉纺织品。晋、唐时期的吐鲁番古墓中，所见纺织物就更多了。《梁书·西北诸戎传》称："高昌国……多草木，草实如茧，名为白叠子，国人多取织以为布，布甚软白，交布用焉"。在巴楚县托库孜萨来古城晚唐地层内不仅发现棉布，而且发现了棉籽实物，其籽粒小、黄色、纤维短，据考证，这就是当时种植的一年生草棉（即非洲棉）。

考古发现，新疆棉区于公元前在塔里木河和吐鲁番盆地已先后开始种植草棉（非洲棉），并有了棉纺织手工业，新疆草棉主要来自一年生的库尔加棉野生种系，是新疆植棉上使用最早的棉花品种。在很长时间里棉花主栽品种为苏联的安集延品种和美国种，2个棉花种何时引进，现无考据。比较2个棉种，美国种质量好于安集延品种，其纤维质柔，且色白，衣分为30%，产量高于本地棉5%。

二、近代植棉史

民国初期，新疆的棉花种植地区主要分布在天山南麓的喀什噶尔河、叶尔羌河、塔里木河流域和昆仑山北麓的玉龙喀什河、克里雅河流域，以及吐鲁番地区等3州3府10县4厅，计有库车州、巴楚州、和田州，焉耆府、疏勒府、莎车府，温宿县、拜城县、轮台县、沙雅县、疏附县、叶城县、皮山县、洛浦县、于田县、伽师县，吐鲁番厅、鄯善厅、英吉沙尔厅；天山以北仅有孚远县（今吉木萨尔县）。直至 1933 年以后，北疆种植棉花地区逐渐增多，有伊犁、绥来（今玛纳斯县）、沙湾等地，但面积很小。从 1930 年开始，从苏联引进的品种有史来德尔 1306（шеладир1306）、纳夫罗斯基（навроцкий）、司 8517（C8517）、36 M2 等。

据 1936—1939 年的调查资料，新疆经济作物种类繁多，"天山南麓塔里木盆地周围多绿洲，纤维植物如：棉花、亚麻等产量亦丰"，"过去农田中未有的新农作物也培养起来了，如糖萝卜、亚麻、埃及棉、美国棉"，"棉花亦为新疆重要作物，棉性喜高温，其分布地区多在玛纳斯河以南，在伊宁及哈密亦有产者，但产量不多，主要地区在南疆"。乌鲁木齐也曾试种，但未获成功。

三、现代植棉史

新疆虽有悠久的植棉历史，但棉花生产直到新中国成立后才获得发展。1949 年只有棉田 3.3 万 hm^2，总产 0.51 万 t。到 1959 年植棉 14.01 万 hm^2，总产 5.71 万 t。党的十一届三中全会以后，农村政策放宽和棉花经济政策进一步落实。新疆植棉业又有了更大的发展。1987 年棉田面积扩大到 33.3 万 hm^2 以上，总产 2 500 余 t。

新中国成立后，新疆生产建设兵团于 1950 年在北疆试种棉花成功，1953 年又在南疆试种了长绒棉，开创了北疆棉区和长绒棉的生产，1990 年以来又开辟了特早熟棉区，棉花种植面积和产量逐年上升。从种植区域和气候生态类型看，新疆已初步形成了北疆早熟棉区、南疆早中熟棉区和东疆中晚熟棉区的区域分布格局。

新疆虽有悠久的植棉历史，但直到 20 世纪 90 年代棉花生产才获得快速发展，表现为 20 世纪 80 年代以前，新疆植棉面积和总产仅占全国的 3% 左右，是一个植棉面积不大、总产不多、产量地位很一般的省份（表 1.1）。"八五"时期（1985—1990 年），在自治区党委和政府"一黑一白"战略的推动下，把"新疆建成国家级优质商品棉生产基地"的方案经反复论证被国家批准纳入国民经济

"九五"计划。在 80 年代中期到 90 年代中期的 10 年时间里，棉花生产呈现快速发展的态势，面积和总产占全国的比例上升为 13.7％和 19.61％，在全国的地位快速提升。国家从"九五"开始实施新疆优质棉生产基地建设计划，按照新疆提出的"九五"（1996—2000 年）做大、"十五"（2001—2005 年）做优、"十一五"（2006—2010 年）做强、"十二五"（2011—2015 年）做精的建设思路，连续 20 多年对新疆优质棉基地进行大力支持，全疆棉花种植面积从 1990 年的 43.52 万 hm² 增至 2020 年的 250.19 万 hm²，棉花种植面积占全国比例从 7.79％增长到 78.93％，同期全疆棉花总产量由 46.88 万 t 迅速增至 516.10 万 t，占全国比例从 10.40％提高至 87.33％，成为我国唯一能保持棉花长期持续增长的棉区。

表 1.1　新疆棉花面积、总产及占全国的比例

年份	新疆棉花播种面积（万 hm²）	全国棉花播种面积（万 hm²）	新疆棉花面积占全国棉花面积的比例（％）	新疆棉花总产量（万 t）	全国棉花总产量（万 t）	新疆棉花占全国棉花总产量比例（％）
1949	3.34	277.00	1.21	0.51	44.40	1.15
1959	14.01	551.20	2.54	5.71	170.90	3.34
1978	15.04	486.70	3.09	5.50	216.70	2.54
1980	18.12	492.03	3.68	7.92	270.67	2.93
1985	25.35	514.03	4.93	18.78	414.67	4.53
1990	43.52	558.81	7.79	46.88	450.77	10.40
1991	54.69	653.85	8.36	63.95	567.50	11.27
1992	64.33	683.50	9.41	66.76	450.84	14.81
1993	60.64	498.54	12.16	68.00	373.93	18.19
1994	74.98	552.80	13.56	88.21	434.10	20.32
1995	74.29	542.16	13.70	93.50	476.75	19.61
1996	79.93	472.22	16.93	94.04	420.33	22.37

（续）

年份	新疆棉花播种面积（万 hm²）	全国棉花播种面积（万 hm²）	新疆棉花面积占全国棉花面积的比例（%）	新疆棉花总产量（万 t）	全国棉花总产量（万 t）	新疆棉花占全国棉花总产量比例（%）
1997	88.37	449.14	19.67	115.00	460.27	24.99
1998	99.92	445.94	22.41	140.00	450.10	31.10
1999	99.59	372.56	26.73	140.75	382.88	36.76
2000	101.24	404.12	25.05	150.00	441.73	33.96
2001	112.97	480.98	23.49	157.00	532.35	29.49
2002	94.40	418.42	22.56	150.00	491.62	30.51
2003	103.70	511.05	20.29	160.00	485.97	32.92
2004	112.76	569.29	19.81	175.25	632.35	27.71
2005	116.05	506.18	22.93	187.40	571.42	32.80
2006	168.41	581.57	28.96	290.60	753.28	38.58
2007	178.26	592.61	30.08	301.27	762.36	39.52
2008	171.86	575.41	29.87	302.57	749.19	40.39
2009	140.93	494.87	28.48	252.42	637.68	39.58
2010	146.06	484.87	30.12	247.90	596.11	41.59
2011	163.81	452.40	36.21	289.77	651.90	44.45
2012	172.08	435.96	39.47	353.95	660.80	53.56
2013	171.83	416.22	41.28	351.80	628.20	56.00
2014	242.13	417.65	57.98	429.55	629.90	68.19
2015	227.31	377.50	60.21	409.36	590.70	69.30
2016	215.49	319.83	67.38	420.00	534.30	78.61
2017	221.75	319.47	69.41	456.60	565.30	80.77
2018	249.13	335.23	74.32	511.10	609.60	83.84

（续）

年份	新疆棉花播种面积（万 hm²）	全国棉花播种面积（万 hm²）	新疆棉花面积占全国棉花面积的比例（%）	新疆棉花总产量（万 t）	全国棉花总产量（万 t）	新疆棉花占全国棉花总产量比例（%）
2019	254.05	333.92	76.08	500.20	588.90	84.94
2020	250.19	316.99	78.93	516.10	591.00	87.33
2021	250.61	302.81	82.76	512.90	573.10	89.50
2022	249.69	300.03	83.22	539.10	597.70	90.20
2023	236.93	278.81	84.98	511.20	561.80	90.99

注：表中数据来源于历年国家统计年鉴和新疆统计年鉴。

第二节　新疆棉花生产概况

一、新疆植棉面积、总产、单产

新疆已成为我国最大的棉花生产基地。棉花面积、总产、单产分居全国首位，其棉花生产在我国棉花生产中的比例一直呈增长趋势，与我国长江、黄河棉区经历了 20 世纪 90 年代的三足鼎立之势、21 世纪的半壁江山、如今的一枝独秀的变化。截至 2023 年，新疆棉花播种面积 236.93 万 hm²，其种植面积约占全国种植面积的 84.98%，新疆棉花总产 511.20 万 t，占全国的 90.99%，新疆棉区棉花单产每公顷产量达 2 157.80 kg，较全国平均增加 7.09%，具有明显的产量、规模竞争力。

二、新疆棉花生产特点

植棉光热条件优越，规模化、机械化程度高，棉花产量高、病虫种类少、种植密度高、品级高、品质优，植棉比较优势强，地膜覆盖灌溉栽培，是新疆棉花生产的显著特点。新疆还是我国唯一的长绒棉、彩色棉生产基地。

三、新疆棉花产业优势

新疆棉花产业优势表现在六个方面：规模优势、比较效益优势、生态优势、质量优势、完整产业优势和效率优势，这六大优势也是新疆棉花产业发展的主要原因。但随着产业结构的调整和劳动力成本的增加，新疆植棉比较优势下降，制约着新疆棉花生产的稳定发展（与其他作物劳动力效益相比，植棉劳动力效益比较低）。据此，如何以最低成本形成规模经济效益，使有限的资源处于高效率配置状态，是新疆棉花支柱产业发挥优势的方向和立足点。延长产业链和提高棉花生产效率是发挥新疆棉花支柱产业、主导产业、优势产业的重要方向。

四、新疆棉花生产经历的几次技术革命

一是品种经历的大规模的更新换代。

二是 20 世纪 80 年代末矮密早地膜覆盖技术全面推广。

三是 20 世纪 90 年代的缩节胺全程化控技术推广。

四是 21 世纪至今的高密度种植技术、膜下滴灌技术、机采棉种植技术、精量播种技术、精准施肥技术、水肥一体化技术、脱叶催熟技术的大面积应用与推广。

这些技术对新疆棉花生产的发展，对单产、品质、效益、劳动生产率、资源利用率的提高，对解决保苗难、无霜期短、盐碱危害、早衰、协调营养与生殖生长、克服蕾铃脱落严重现象起到了重要作用。

五、新疆棉花生产不利因素

新疆棉花生产的不利因素主要是无霜期短，春季低温间有霜冻倒春寒，风灾频繁，生长期雹灾、高温、干旱胁迫严重，土壤肥力低、盐碱含量高，秋季降温快。随着气候变化，播种后的降雨也成为不利因素。北疆棉区无霜期一般约 160 d（80％保证率），≥15 ℃持续日数不到 150 d。南疆、东疆棉区虽无霜期较长，但春季低温

期长，间有或伴有倒春寒，秋季降温快，无霜期和早晚霜年际变幅大，无霜期最长年和最短年相差 2 个半月左右，晚霜最晚年和最早年相差在 2 个月到 2 个半月，最早年和最晚年相差 1 个月到 1 个半月，因而导致了棉花产量和质量的不稳定。新疆的风沙灾害也较为严重，特别是南疆、东疆棉区 4～7 月风沙浮沉天多，间有干热风，严重时形成沙暴，给棉花生产造成严重损失。春旱缺水、冰雹等灾害性天气较多，往往在局部地区形成灾害。土壤肥力低、盐碱较重也是棉花生产迅速发展的制约因素。

六、新疆长绒棉（海岛棉）的种植

（一）新疆长绒棉种植基本情况

新疆在 20 世纪 50 年代开始试种长绒棉，并取得成功，开始了世界上最北的长绒棉种植区域生产史。因得天独厚的气候生态条件，逐渐发展成为我国唯一的长绒棉产区。新疆长绒棉种植经历了一个发展、停滞、再发展的曲折过程。1953 年新疆阿克苏第一师沙井子农业试验场从苏联引入长绒棉品种莱特福阿金获得成功，在新疆建立了 3 万～4 万亩[*]的长绒棉生产基地，到 1966 年长绒棉发展到 34.63 万亩，亩产 25.65 kg，总产 0.89 万 t。2006 年新疆已建起稳定的长绒棉生产基地，面积可达到 100 万亩以上，亩产皮棉 80 kg 左右，纤维绒长 33～36 mm，比强度 40 cN/tex 以上，适纺高档纱。

（二）新疆长绒棉主要种植区域及气候特点

新疆长绒棉种植区主要分布在东疆的吐鲁番盆地和南疆的塔里木盆地周缘，即东疆的吐鲁番地区及南疆的巴音郭楞蒙古自治州、阿克苏地区、喀什地区、新疆生产建设兵团第一师、新疆生产建设兵团第二师、新疆生产建设兵团第三师，其中以南疆的阿克苏地区和新疆生产建设兵团第一师的面积、产量最多，占全疆的 95％左右。新疆长绒棉种植区气候特点是无霜期短，生育期积温低。9 月

---

[*]　亩为非法定计量单位，15 亩＝1hm²。下同

以后降温较快，使长绒棉铃期延长，吐絮缓慢。新疆长绒棉区的年降雨量在 10～17 mm，空气十分干燥；同时光照条件优越，4～8月生长期日照时数平均在 1 800～2 000 h，对增加成铃和促进棉铃成熟、提高纤维色泽等外观品质非常有利（表 1.2）。

表 1.2　新疆长绒棉主要种植区气候条件及适宜品种

产区		东疆地区	南疆地区	
地区		吐鲁番地区	阿克苏地区	喀什地区
主要生态条件	≥10 ℃积温（℃）	4 500～5 400	4 147～4 658	3 500～4 100
	≥15 ℃积温（℃）	4 100～4 980	3 547～3 999	3 000～4 200
	≥28 ℃日最高积温（℃）	5 000～5 700	3 521～3 837	3 200～3 700
	无霜期（d）	218～224	206～239	175～220
	7月平均气温（℃）	29.0～32.3	24.6～27.4	25.8～27.8
	全年日照时数（h）	3 000～3 500	2 700～3 000	2 700～2 800
	日照率（%）	67～68	61～67	59～64
	适宜品种类型	中熟长绒棉	中早熟长绒棉	早熟长绒棉
	当地主栽品种	新海 9 号、新海 5 号	新海 14、新海 21	新海 14

七、新疆彩色棉的种植

天然彩色棉花，又称天然彩色细绒棉，以下简称彩色棉，是棉纤维成熟时自身具有棕、绿等色彩棉花的统称，其颜色是棉纤维中腔细胞在分化和发育过程中色素物质沉积的结果。彩色棉具有色泽自然柔和、古朴典雅、质地柔软、保暖透气、天然抗菌等特点，彩棉制品无须印染，减少了印染污水的排放并降低治污有关费用，节约了能源、资源，从而降低了生产成本，符合国家"绿色发展"理念和"节能减排""低碳经济"的发展需求，符合建设"资源节约型、环境友好型"社会的需要，同时彩色棉纺织品中不含印染残留的偶氮、重金属等有害物质，有利于健康，特别适合制作直接接触皮肤的衣物及家纺用品，是一种新型的环保低碳纺织原料。彩色棉以其色彩自然天成，绿色、环保、无须印染的特性，已成为我国纺织服装产业走绿色发展之路的首选纺织原料，天然色棉产业已悄然兴起。

我国的彩色棉品种选育以 1987 年中国农业科学院棉花研究所开始彩色棉近代选育为起点，经过近 36 年的科研和选育，已选育出 58 个质量比较稳定的彩色棉良种，其中棕色棉品种 40 个，绿色棉品种 18 个，占目前全世界经政府注册的 62 个彩色棉品种的92.72％。我国现有的 58 个彩色棉品种中，其中新疆 34 个、甘肃5 个、安徽 2 个、湖南 4 个、四川 4 个、山西 5 个、国审 1 个、浙江 2 个、江苏 1 个。

新疆彩色棉种植在全国占有绝对优势，其产业化一直在国内处于领先地位。彩色棉产业发展顺应"绿色发展"理念，符合广大消费者健康消费理念，发展空间巨大。中国彩色棉企业也在利用现有优势和资源，积极采用"公司＋工厂""公司＋外贸"方式推动彩棉产品开发和生产，同时通过上下联动千余家合作联盟企业，形成了上百亿元的市场规模，建立了"品种研发—良繁种植—加工制造—品牌培育—市场拓展"较为完整的产业链，覆盖了彩棉产业各个环节，彩棉产业化发展体系全面建成。

第 二 章

新疆植棉生态条件

新疆植棉有明显的自然优势。一是新疆光照充足,光质好。光照百分率、保证率均优于黄河长江棉区,棉纤维丝光好、品级高。二是夏季具有适合蕾花铃发育的较高温度。三是新疆棉区盆地增温效应显著,温差大,有利于产量和品质形成。四是棉花生育关键期6~8月太阳辐射强、日照时数>600 h,温度日较差大(13~20 ℃),为全国之最。五是空气干燥,降雨少,病虫害少,相对湿度小(50%)。六是新疆为灌溉农业,适宜种植棉花。这一切使得新疆棉花具有较高的光合生产潜力,为发展棉花生产创造了得天独厚的生态环境条件。

第一节　光热资源

一、新疆光能资源

新疆全域光资源丰富。光合有效辐射强,日照时数长,日照百分率大,有利于喜光植物生长发育。全年辐射总量达 5 000~6 490 MJ/m²,年光合有效辐射 2 400~3 000 MJ/m²,仅次于青藏高原,居全国第二。全年日照时数为 2 250~3 550 h,夏至(6 月 22 日前后)白昼时间长达 14~16 h。作物生长季节(4~9 月),日照时数 1 500~1 950 h,是全国日照最丰富的地方。但是,新疆光能资源利用率低,光合有效辐射利用率为 1%左右,开发利用光能的潜力巨大。

新疆棉区光资源更为丰富。东疆中熟棉区全年日照时数为3 056~3 224 h,日照率为 67%~73%;南疆早中熟棉区全年日照时数为 2 716~3 121 h,日照率为 61%~71%;北疆早熟棉区全年日照时数为 2 620~2 856 h,日照率为 59%~64%;特早熟棉区全年日照时数为 2 851 h,日照率为 64%。棉花生长期(4~9 月),日照时数为 1 460~1 980 h,棉花生育关键期(7~8 月),太阳辐射强,日照时数>600 h,北疆多于南疆,东部多于西部。夏季

6~8月为新疆棉花高能富照期。

新疆的光照条件优于黄河流域和长江流域。优越的光照条件，对棉花开花、结铃、吐絮十分有利，蕾铃脱落率低，烂铃少，纤维洁白有光泽，是棉花高产、优质重要原因之一。但近50年来新疆光照减少，尤其是近年来日照时间持续偏少，对花铃后期的棉铃发育不利。如近10年来昌吉州主要棉区4~10月平均降水量增多，日照时数逐年减少，尤其是7~8月日照时数持续偏少，影响棉花的品质。

二、新疆热量资源

新疆热量资源丰富。大部分地区≥10℃的年积温为3 000~4 000℃，年平均温度为11~12℃。昼夜温差大，一般为12~16℃，最大20℃。最热月（7月）平均气温北疆20~25℃，南疆25~27℃，吐鲁番盆地33℃。最高温时，北疆各地一般为37~40℃，南疆在40℃以上，吐鲁番盆地高达47.6℃。

新疆棉区热量资源较丰富。≥10℃积温：北疆特早熟棉区为3 193~3 549.8℃、早熟棉区为3 649.7~3 784.3℃，南疆早中熟棉区为3 800~4 660℃，东疆中熟棉区为4 500~5 400℃。≥15℃积温：北疆特早熟棉区2 541.4~3 000.4℃、早熟棉区为3 024.2~3 263.2℃，南疆早中熟棉区为3 550~4 000℃，东疆中熟棉区4 110~4 980℃。棉花生育期（4~9月）平均温度为17.5~20.1℃。丰富的热量资源有利于棉花干物质的积累和高品质纤维的形成。

新疆无霜期短，南疆、北疆、东疆三大棉区间无霜期差异较大。无霜期：北疆棉区140~180 d，南疆棉区180~230 d，东疆棉区200~250 d。初霜期：北疆棉区在9月上中旬到10月上旬，南疆棉区在10月上中旬到10月下旬。晚霜期：北疆棉区在4~5月，南疆棉区在2月中旬至4月底。

新疆棉区盆地增温效应显著，土壤温度增减迅速。土壤温度对棉花生长过程起较大作用。春季气温升高时，土壤增温快，秋季气温下降时，土壤降温快，应根据此特点调控棉花生长。

第二节 水资源

一、新疆水资源概况

新疆水资源来自大气降水,地表水年总径流量为 884 亿 m^3,其中,国内产流 793 亿 m^3,国外来水 91 亿 m^3。此外,与地表水资源不重复的独立地下水资源量为 85 亿 m^3。地表水和地下水资源可以相互转化重复利用,重复利用率可达到出山口水量的 130%~150%。地表水和地下水可开发利用的水量为 916 亿 m^3。

降水量:新疆远离海洋,降水稀少,气候干旱。准噶尔盆地边缘年降水量为 150~200 mm,盆地中部年降水量为 100~150 mm。塔里木盆地北部和西部年降水量为 50~70 mm,东部和南部多在 50 mm 以下。年平均相对湿度为 41%~64%,干燥少雨。新疆年降水量只相当于华北地区的 1/4、长江流域的 1/7。

水分蒸发量:北疆为 1 500~2 300 mm,南疆为 2 000~3 400 mm,东疆哈密、吐鲁番为 3 000~4 000 mm。

相对湿度:新疆大气干旱,相对湿度小,呈现为北高南低,西高东低。准噶尔盆地南缘约为 60%,生长季节为 40% 左右,哈密、吐鲁番盆地为 35%~40%,生长季节为 30%,南疆塔里木盆地平均相对湿度为 40%~50%,生长季节为 30%~40%,大气相对湿度小,适宜棉花的生长。

二、新疆水情特点

(一)年际径流量较稳定

新疆河流径流量年际变幅小,水量较稳定。据新中国成立后 30 年水文资料记载,全疆河流径流量最丰的 1969 年(1 056 亿 m^3)与最枯的 1974 年(716 亿 m^3)的比值约为 1.48,北疆棉区最大与最小比为 1.78，东疆棉区为 1.65，南疆棉区为 1.60。

（二）季节性不平衡

新疆河流径流量季节性变化大。一般夏季（6～8 月）水量集中，占年水量的 50%～70%。春、秋季水量较小，各占 10%～20%，尤以春耕季节水量最少。冬季（12 月至翌年 2 月）占年水量的 10% 以下。形成夏洪春（秋）旱，影响农作物春季播种和秋收作物的生长发育。南北疆的四季水量分布也不尽一致。据多年统计平均，南疆春季水量占年水量的 5%～23%，夏季占 45%～80%，秋季占 1%～22%，冬季占 2%～15%；北疆春季水量占年水量的 9%～54%，夏季占 23%～70%，秋季占 10%～18%，冬季占 3%～10%。南疆水量最大月为 7～8 月，占年水量的 16%～35%，最小月为 1 月，占年水量的 1%～5%；北疆水量最大月为 6～7 月，占年水量的 12%～34%，最小月为 2 月，占年水量的 1%～5%。

（三）地区间水土组合不平衡

新疆河流分布西部多于东部，北部多于南部。以天山山脊为界，北疆地表水资源量为 409 亿 m^3，南疆为 384 亿 m^3，南北疆各约占一半，但北疆的额尔齐斯河、伊犁河、额敏河有 221 亿 m^3 水量流出到国外，而从国外流入的水量仅 30 亿 m^3，出多于入。南疆流出到国外的水量仅 12 亿 m^3，流入水量为 61 亿 m^3，入多于出，南疆可利用水量比北疆多。新疆水资源在地区间与季节上分布也不平衡，总体呈现北疆多、南疆少、西部多、东部少的特点。在时间分布上，夏季高而冬季低，如天山北坡夏季在 3 500 mm 以上，冬季则降到 1 000 mm 左右。据气象资料显示，新疆的水资源出现了一些不利的变化，新疆平均温度升高了 0.2 ℃，降水增加了 15 mm，由于温度升高蒸发量也同时增大，以及新疆荒漠化的威胁，导致总体气候湿润指数仍然呈现下降趋势。

第三节　气候条件

一、新疆气候特点

一是日照时间长，热量充足，光辐射强，昼夜温差大，有利于农业的发展；二是气候类型多样，境内并存着暖温带、中温带和高山气候带（寒温带），赋予了新疆农作物的多样性，有利于按气候区划，合理布局；三是光热水资源有效组合好，形成水热同期的夏季优势，特别在南疆 6 月、7 月和 8 月，太阳辐射占全年辐射量的 1/3，积温占全年的 1/2 至 2/3，河流来水量占全年 60％以上，是充分发挥光热水资源综合效益的时期；四是新疆盆地沙漠增温效应显著，使棉区热量资源更丰富，沙漠增温效应是由于干燥的沙漠、湿润的绿洲及空气的比热不同，形成局部热力环流，从而使绿洲地区增温。

二、南北疆气候特点差异

新疆热量变化的特点是温差大，春季温度上升快且多变，秋季温度下降迅速，气温年较差、日较差均大。日较差，北疆为 12～14 ℃，南疆为 13～16 ℃。最大日较差，南北疆都有 25 ℃左右，有利于产量的形成。北疆地区的气温从 0 ℃上升到 10 ℃需要 35 d 左右，秋季降温北疆也比南疆迅速，若遇强冷气流袭击，常造成北疆农作物减产。南疆秋季降温速度相比北疆平稳，由 20 ℃降至 10 ℃的时间为 40～50 d，比北疆多 8～10 d，因而使后期成熟的棉铃处于20 ℃以下的时间较长，但南疆花铃期的温度不如北疆高。

三、新疆棉区棉花生长的主要限制气候因子

新疆为典型的内陆性干旱气候，具有明显的大陆性气候特点，棉区气候利弊共存，棉花生长受多种限制因子影响。主要限制因子有：①无霜期短，平均 170 d，且积温和无霜期年际间变

化大，要注意选用早熟品种，采取促早熟栽培措施。②有效生长期和最佳开花结铃期短，5～8月是新疆棉花主要生长期。③春季气温不稳定，回升慢，且干旱少雨，旱情较严重，每年春季灌溉用水大，缺口40亿～50亿 m^3。④低温、冷害、冻害、倒春寒、大风等灾害频繁、秋季降温快；东疆棉区和南疆部分季节存在干热风；南疆部分地区常有雹灾；年际间≥10℃积温可相差871℃，无霜期可相差62 d，造成冷态年型出现；新疆9月夜温下降到15℃以下，影响棉纤维品质；≥35℃极限温度，在南疆和东疆棉区持续日数长，造成蕾铃脱落，影响产量，特别是中熟棉区的吐鲁番、鄯善，托克逊持续日数达70～98 d，造成大量干铃和蕾铃脱落。新疆4月和9月积温不足及7月下旬至8月初的高温是限制新疆棉花产量的关键热量因素。⑤风沙大。新疆有43个风沙县，八级以上大风日数有10～45 d，常造成灾害性天气，揭膜。⑥盐碱严重，新疆盐碱土面积约达113.33万 hm^2，占耕地的37%，南疆更为严重，在84.47万 hm^2 普查耕地中，和田、喀什地区和克孜勒苏州，盐碱土面积达到45%，这是造成低产的主要原因。雨后的次生盐渍化也是目前棉花生产的主要限制因子。

第四节　土地资源

一、新疆耕地资源

根据第二次自治区土壤普查办公室汇总资料，普查全疆总耕地面积为407.89万 hm^2（包括休闲、轮歇和撂荒地），其中地方300.81万 hm^2，生产建设兵团107.08万 hm^2，但到2011年新疆实际耕地面积已达504万 hm^2。根据自治区第三次土壤普查结果，全区耕地10 557.88万亩、园地1 605.22万亩、林地18 318.76万亩、草地77 978.97万亩，湿地2 286.68万亩。耕地土壤中盐渍化、板结、侵蚀、薄层等各种低产地214.73万 hm^2，占耕地面积的52.6%。其中盐渍地122.88万 hm^2，占低产地面积的57.2%，盐渍化严重；板结地 32.53 万 hm²，占低产地面积的 15.2%；侵蚀地 28.85 万 hm²，占低产地面积的 13.4%；薄层地 30.46 万 hm²，占低产地面积的 14.2%。

二、新疆棉区主要土壤类型

按照全国第二次土壤普查的土壤分类系统，新疆棉区主要耕作土壤有 5 个土纲、10 个土类、25 个亚类，主要类型有灌漠土、灌淤土、盐化灌淤土、潮土、盐化潮土、灌耕林灌草甸土、盐化灌耕林灌草甸土、灌耕草甸土、盐化灌耕草甸土、灌耕风沙土、灌耕棕漠土、盐化灌耕棕漠土、灌耕灰漠土、盐化灌耕灰漠土等。新疆棉田最具代表性的土壤为灰漠土和棕漠土，其次为盐碱土、风沙土和部分草甸土。灰漠土主要分布在北疆，棕漠土主要分布在南疆。灰漠土是新疆最适宜种植棉花的土壤类型，土层深厚、质地疏松、渗水性好、抗旱保水性较强，无盐渍化威胁，有机质含量为 0.6%～1.2%，pH 8.2～9.7，是肥力较高的土壤。棕漠土土质较黏、易板结，土壤肥力较低，有机质含量一般为 0.4%，易发生次生盐渍化。盐土和碱土统称盐碱地，在南疆广泛分布。盐土以南疆为主，碱土则以北疆为主。盐土表层含盐量为 2%～5%，高的达 30%左右，盐分以氯化物和硫酸盐为主。碱土则因钠离子含量高，是具有强碱性反应的土壤，碱化度 40%以上，pH 9.2～9.8。

新疆棉区土壤质地分布有一定规律，呈现南粗北细趋势，即南疆棉区土壤质地相对北疆较粗，沙性土壤面积大，以轻壤土、中度黏土、沙质土为主，且土层深厚、土质疏松、土地平坦、宜棉地带广阔，适宜机耕和灌溉。

新疆棉区土壤普遍积盐，北疆准噶尔盆地含盐量较低，南疆塔里木盆地含盐量较高。塔里木盆地和河西走廊地区，棉田盐碱面积为 13 万 hm²，为氯化物和硫酸盐土，一般表土层含盐量高达 3%以上，pH＞9.0。

（一）南疆棉区土壤类型分布

南疆棉区包括塔里木河、叶尔羌河、和田河上游流域棉区。

1. 塔里木河流域棉区 主要土壤类型为灌耕棕漠土、灌耕林灌草甸土、灌淤潮土和盐化灌淤土等。

2. 叶尔羌河流域棉区 主要土壤类型为盐化潮土、潮灌淤土、灌耕棕漠土等。

3. 和田河上游棉区 主要土壤类型为灌淤土、黄潮土和灌耕棕漠土。

（二）北疆棉区土壤类型分布

北疆棉区包括奎屯河流域棉区、玛纳斯河流域棉区、博尔塔拉河下游棉区和伊犁河下游棉区。

1. 奎屯河流域和玛纳斯河流域棉区 土壤类型为灌耕灰漠土，其次为灌耕草甸土和灰漠潮土。

2. 博尔塔拉河下游棉区 土壤类型为灌耕草甸土和灌耕灰漠土。

3. 伊犁河下游棉区 伊犁河下游棉区地处伊犁河下游北岸的河谷平原。棉区主要土壤类型为灌耕灰漠土和灌耕草甸灰钙土。

（三）东疆棉区土壤类型分布

东疆棉区地处东部天山南坡山间盆地。棉区主要土壤类型有灌漠土、潮土和灌淤土等。

三、新疆棉田土壤养分

（一）新疆棉田土壤养分现状

新疆棉田土壤肥力总体较低，有机质含量维持在较低水平，大部分土壤有机质含量在四级和五级，含量为 $1.09\%\sim1.11\%$，北疆地区为 $1.29\%\sim1.35\%$，南疆为 $0.85\%\sim0.89\%$，有机质含量基本属于中低范围。北疆棉区棉田有机质含量较南疆略高。虽然棉区由于长期施用磷肥和土壤吸附性能使土壤有效磷含量有了大幅度提高，但大部分土壤中有效磷在中等范围。土壤速效钾含量虽属高水平，但较第二次土壤普查，南疆棉区都有不同程度的下降，施钾表现出显著的增产作用，而且具有普遍性。新疆土壤含氮量平均为 0.082%，其中南疆为 0.064%，北疆为 0.099%；通过试验划分微量元素的丰缺指标，同时也证实有效锌普遍处于低水平，施锌增产显著，由于土壤差别也有 50％以上的地块缺乏硼元素和锰元素。

（二）新疆棉田土壤养分限制因子

氮、磷是新疆棉田土壤养分的第一、第二限制因子，钾和锌各地表现有差异，但具有普遍性，为棉花高产的限制因子与潜在限制因子，硼和锰受土壤养分含量变化影响较大，综合顺序为 N＞P＞K＞Zn＞B＞Mn。

（三）新疆棉田总体施肥原则

新疆棉区土壤有机质含量低，对棉区多数棉田应保持、更新和提高土壤有机质含量，这在南疆棉区尤为重要。主要技术措施：一是增施有机肥；二是实行秸秆还田；三是种植绿肥，不断更新和提高土壤有机质含量。

根据目前土壤养分状况，对低产及施肥水平较低的棉田，建议采用"增氮、稳磷、补钾，有针对性使用微量元素"的施肥原则。对高产及施肥水平较高的棉田，建议采用"减磷、稳氮、补钾，有针对性使用微量元素"施肥原则。

第三章

新疆棉花种植及品质区划

第一节　种植区划分布及概况

一、新疆植棉区域范围

新疆属温带干旱、半干旱荒漠气候区。植棉区域在北纬36°51′～46°17′，东经75°59′～95°08′，南北跨度 1 115 km，东西跨度 1 630 km。棉田分布在准噶尔盆地东西南缘，环塔里木盆地边缘，被阿尔泰山、天山、喀喇昆仑山所环绕，形成三山夹两盆的地貌，不仅具备典型的大陆性气候特点，而且盆地的增温效应极为显著，十分适宜种植棉花。

二、新疆棉花种植区划及主要分布

新疆区域广，农区温度差异大，有棉区和非棉区之分，我国有关专家和单位曾先后多次对新疆棉区进行过区划。20 世纪 50 年代，中国农业科学院棉花研究所组织专家将河西走廊和新疆划为西北内陆棉区。70 年代末，根据棉区气候差异，按棉花生育期气候特点，将新疆棉区主要分为东疆棉区、南疆棉区、北疆棉区 3 个亚区，若干个次亚区。90 年代初，中国科学院新疆资源开发综合考察队将新疆棉区划分为最适宜棉区、适宜棉区、次宜棉区和风险棉区。1980 年中国棉花学会将种植面积最大、发展前景好的西北内陆棉区划分为东疆、南疆、北疆和河西走廊 4 个亚区，这对于认识新疆植棉条件和指导棉花生产具有积极作用。

三、新疆三大棉区概况

（一）南疆亚区

南疆亚区集中在叶尔羌河、塔里木河流域，地处塔里木盆地东西南北缘。海拔 737～1 427 m，无霜期为 160～220 d，≥10 ℃的活动积温达 4 000～4 700 ℃，≥15 ℃持续日数为 155～170 d，最热月

（7月）平均气温为 24～27.5 ℃，温度日较差为 12～17 ℃。光照条件仅次于东疆棉区，也较优越，年日照时数为 2 500～3 000 h，日照率为 60%～70%，适宜种植早中熟陆地棉和早熟长绒棉（表 3.1），部分次宜棉区种植早熟陆地棉。该棉区适宜种植发展中高低的多纤维类型棉花。该棉区所处纬度和热量条件大体与华北棉区相近，热量资源虽不如东疆棉区，但也较丰富。植棉土壤以灌淤土、轻盐土和棕漠土为主，后 2 种土壤熟化程度不高，肥力较差。水源较丰富，但枯水期、汛期不均，春季棉花播种季节正值枯水期，往往影响及时播种和保苗。大部分棉田盐碱较重，苗期遇雨，多返盐死苗。春、夏季多风，期间有冰雹，多遭受风沙、冰雹袭击，棉苗在生长中期遭受损失较大。这些是影响生产的几个重要问题。

（二）东疆亚区

东疆亚区位于天山东端山间吐鲁番盆地，低于海平面 154 m。分火焰山以南和火焰山以北棉区。本区最热月（7月）平均气温高达 28～32 ℃，≥10 ℃的活动积温为 5 400 ℃，≥15 ℃持续日数 166 d。日照条件最优越，年日照时数高达 3 000～3 300 h，日照率为 69%。火焰山以南地区，≥10 ℃积温为 5 400～5 500 ℃，最热月平均温度为 32～33 ℃，无霜期为 190～220 d，适宜种植长绒棉和陆地棉，但高温酷热，大风频繁。>35 ℃天数为 70～98 d，绝对高温为 49.6 ℃，春末初夏 8 级以上大风频繁，易造成蕾铃脱落，影响棉苗生长。火焰山以北地区，海拔 200～300 m，≥10 ℃积温 4 500 ℃左右，最热月平均温度为 28～30 ℃，无霜期为 190～211 d，更适宜优质长绒棉生产。所处的纬度相当于北部特早熟棉区北缘的位置，但由于海拔特别低（-100～300 m），盆地四周皆为戈壁，增温效应强烈，植棉土壤以灌淤土、棕漠土为主，熟化程度高，肥力中等。本区是我国夏季最干热的地区，干热风危害严重，往往增加蕾铃脱落数量，春季易遭受风沙袭击，对棉花保苗不利，这是影响棉花生产的主要问题（表 3.1）。

（三）北疆亚区

北疆亚区位于天山北坡，准噶尔盆地西南缘，古尔班通古特沙漠以南，是我国最北部的棉区，北线在北纬 44°20′～46°20′，虽然纬度高，但由于海拔较低，棉区分布在海拔 500 m 以下的洪积冲积扇地带的中下部，海拔 250～450 m，年降水量 120～180 mm，年太阳辐射量为 543～644 kJ/cm²，再加上内陆盆地的增温效应和充足的光照对活动积温起到一定的补偿作用，从而使本区的热量条件大体与北部特早熟棉区相仿，保证了棉花的高产优质（表 3.1）。本区最热月（7 月）平均气温在 25 ℃以上，≥10 ℃活动积温为 3 500～3 600 ℃，无霜期为 160 d 以上，可以满足特早熟棉花生育期对热量的需求。北疆光照非常充足，是我国日照时数最多的地区之一，因此，本区棉花纤维长度长、洁白、光泽好、强力较高，在国内名列前茅。土壤类型主要是灰、棕漠土和轻度盐化土及草甸土，老棉区尚有部分灌淤土，土壤肥力中等，土壤盐渍化程度比南疆棉区轻。本区春季低温期长，且时有倒春寒发生，秋季气温下降较快，加之无霜期短，≥10 ℃气温的持续期不长，因而棉花受霜冻和低温冷害影响较大，历史上霜后花比例可达 30% 左右。由于有效生长期年际变幅大，个别年份可差约 30 d，造成棉花产量和质量上的不稳定。应适当调整棉田布局，使棉区尽量向热量条件较好的宜棉区和最宜棉区集中。同时注意选用耐低温、早熟品种。北疆特早熟棉区集中在准噶尔盆地西南部、海拔 400 m 以上地区，气候温凉，年平均气温为 3～4 ℃，最热月平均温度为 23～26 ℃，≥10 ℃活动积温为 3 100～3 600 ℃，无霜期为 140～150 d，年降水量 100～200 mm，适宜种植早熟和特早熟品种。

表 3.1　新疆棉区不同亚区主要生态条件

| | 东疆中熟、早中熟棉亚区 | 南疆早中熟棉亚区 | | 北疆早熟棉亚区 | 北疆特早熟棉亚区 |
		叶塔次亚区	塔北次亚区		
无霜期（d）	≥200	206～239	186～216	175～220	175～189

（续）

	东疆中熟、早中熟棉亚区	南疆早中熟棉亚区		北疆早熟棉亚区	北疆特早熟棉亚区
		叶塔次亚区	塔北次亚区		
≥10 ℃积温（℃）	4 500～5 400	4 147～4 658	3 823～4 366	3 500～4 100	3 190～3 550
≥15 ℃积温（℃）	4 110～4 980	3 547～3 999	3 730～3 844	3 000～3 200	2 500～3 000
全年日照时数（h）	3 000～3 500	2 700～3 000	2 700～3 000	2 700～2 800	2 850
日照率（%）	67～80	61～71	61～71	59～64	64

四、新疆棉花生产宜棉区、次宜棉区、风险棉区的划分标准

在新疆主要根据≥10 ℃积温、≥15 ℃积温和无霜期来划分宜棉区、次宜棉区和风险棉区。

宜棉区≥10 ℃积温稳定在 3 600 ℃以上，≥15 ℃积温稳定在 3 000 ℃以上。种植长绒棉的基本温度指标是年≥10 ℃活动积温≥4 100 ℃、7 月平均温度≥25 ℃、年日数时数≥2 800 h、无霜期平均≥190 d。

次宜棉区≥10 ℃积温稳定在 3 200 ℃，≥15 ℃积温稳定在 2 700 ℃，无霜期平均≥160 d。

风险棉区≥10 ℃积温稳定在 3 200 ℃左右，≥15 ℃积温稳定在 2 700 ℃左右，无霜期平均约为 160 d。

第二节　品质区划及概况

品质区划是做好棉花生产的重要内容，对发挥生态资源优势有重要意义。品质区划的基本点是以品种的品质类型作为连接点，要反映棉区的生态条件与品种品质之间的相互关系。新疆棉区跨越幅度较大，纬度跨越 8°、东西跨越约 1 600 km、南北跨越 900 km，海拔落差 1 500 m，加之独特的大陆干旱荒漠性气候、三山夹两盆地貌，形成各植棉绿洲多样化的气候特征，被划分为中熟棉、早中

熟棉、早熟棉和特早熟棉 4 个生态亚区，存在明显的品质生态分布差异，具有生产各种纤维品质类型棉花的优势。由于棉花纤维品质性状大多为数量性状，不同熟性棉花品种在新疆不同生态亚区纤维品质指标不同，形成新疆棉区间存在不同程度的纤维品质生态差异，即存在生态品质。生态品质可以远远高出原有品种遗传品质、也可以低于原有品种遗传品质。生态品质的差异对不同品质类型的棉花生产分类布局、定位具有较大影响。对新疆优质棉花适宜种植区域进行划分，有利于将新疆丰富多样的自然资源转变为多类型优质专用棉花产品。

一、国内外主产棉国棉花品质布局简况

国外一些植棉发达国家不仅重视棉花生产布局，而且也极为重视棉花品质布局。埃及作为世界长绒棉之国非常重视品质区划，对棉花品质布局进行了科学规划，充分发挥了棉花生态资源和品种资源 2 个优势。根据品质生态分布结果将开罗以北下埃及地区的尼罗河三角洲地区品质规划布局为超级长绒棉产区，开罗河以南上埃及地区品质布局规划为长绒棉和中长绒棉产区。美国根据东西南部棉区生态品质差异，将西南部的加州布局为高品质棉区。根据品质区划布局，埃及在其超级长绒棉品质区布局了吉扎 45、吉扎 75、吉扎 80、吉扎 81、吉扎 83 和丹达拉等高品质品种，在其高产低品质棉区，相应布局了以高产为特点的吉扎 70、吉扎 77 等高产品种。科学的品质区划也是埃及棉保持高品质美誉的重要原因之一。美国根据其高品质棉区也布局了高品质品种。品质区划布局不仅充分发挥了品种和高品质棉区环境资源 2 个优势，而且做到专业化。

由于各种原因，目前我国棉花品质区划布局总体上处于初级阶段。"十五"期间结合农作物优势区域布局，我国初步对黄河、长江、新疆三大棉区进行了品质区划布局。依据三大棉区生产品质状况、气候条件及内地品种在新疆种植断裂比强度一般下降 1～2 cN/tex 等情况，初步提出了我国三大棉区品质布局定位的指导思想和布局方案。该方案指导思想为：新疆棉区适宜发展 30 支中低

支纱原棉生产区，长江棉区适宜发展 60～80 支高支纱原棉生产区，黄河棉区适宜发展 40 支纱原棉生产区。这一品质布局虽然具有一定的依据，对发挥各棉区优势具有重要作用，但这一品质布局笼统地把新疆棉花平均生产品质差作为布局依据，没有考虑新疆植棉区域广大的问题，不符合新疆棉区品质多样性的实际。另外把一些内地品种在新疆种植后表现强力降低现象作为品质布局依据不科学，是一种误区，没有考虑内地品种的发育规律与新疆光热资源时空分布特点有效同步的问题，不能充分发挥新疆植棉优势，对新疆棉花高产优质高效生产发展不利。

毛树春、喻树迅等在《WTO 与中国棉花》中根据市场和一些研究结果从大区布局上提出了我国棉花品质结构布局的初步方案。其中，长江棉区品质布局是：长江上游以中绒棉和中短绒棉为主、长江中游以中绒棉为主、部分发展中长绒棉，长江下游以发展中长绒棉为主；黄河棉区品质布局是：黄淮平原和华北平原棉区以发展常规中绒棉为主，黄淮平原部分棉区可适当发展中长绒棉、黄土高原和京津唐棉区以发展中短绒和短绒棉为主；西北内陆棉区品质布局是：东疆全部棉区和南疆的部分棉区发展长绒棉和超级长绒棉，南疆大部分棉区发展中绒棉，北疆和河西走廊发展中绒棉和中短绒棉。这一品质布局较上述品质布局指导思想明显细化、科学，特别是根据新疆棉区特点做了较细化的布局，从大区上提出了我国棉花品质布局的方案，为我国棉花品种品质结构调整提供了一定依据。

二、新疆棉花品质区划布局

2002—2003 年新疆农业科学院经济作物研究所李雪涛团队对新疆棉花品质生态分布进行了全面研究。结果表明，新疆棉区广大，生态条件差异大，存在不同品质生态区，具有品质生态分布多样性特点，适宜不同品质类型的原棉生产，既有适宜布局高支纱原棉生产的棉区，也有适宜布局中低支纱原棉生产的棉区。新疆南疆棉区生态品质分布具有沿塔里木盆地北缘，以阿克苏为辐射点，向东西方向延伸生态品质逐渐提高的特点。北疆棉区生态品质分布具有沿准噶尔盆地南缘，由东向西生态品质逐渐提高的规律。另外，在新疆一些高产棉区不一定是高品质生态区。南疆的库尔勒、北疆的精河等是新疆棉花高品质生态分布区。新疆生态棉区的纤维细度、整齐度普遍较优，且优于黄河、长江棉区，是新疆棉纤维品质优势所在。在具备内在品质基础上，新疆棉花还具备品级优势，其色泽、丝光等都远远优于黄河、长江棉区棉花。

根据棉花品质市场需求和新疆棉区生态品质分布研究结果，新疆棉花品质区划可分为 4 个类型区：中绒棉区（包括中短绒棉区）、中长绒棉区、长绒棉区和超级长绒棉区。根据研究结果、新疆棉区分布特点和气候相似论等，对这 4 个品质区在新疆的布局初步提出如下方案：

中绒棉区（包括中短绒棉区）：根据棉花产业结构调整发展需要和新疆棉区品质生态分布研究结果，该品质区占新疆棉区的 80％，新疆大部分棉区属于该品质区，是新疆主要品质区。该品质区分布在南北疆各主要植棉县团场，具体为南疆环塔里木盆地周边的轮台、库车、沙雅、新和、阿拉尔、阿瓦提、巴楚、麦盖提、伽师、喀什、莎车等棉区，北疆环准格尔盆地西南缘的石河子、沙湾、玛纳斯、博乐、昌吉、呼图壁等棉区。该棉区一般是棉花宜棉区，光热资源较为丰富，无霜期适中为 180～200 d，极端高温持续天数较少，适宜棉花产量的形成，也是棉花单产水平较高棉区，可布局发展纤维绒长 28～30 mm、断裂比强度 29～30 cN/tex 的中绒棉花品种。南疆的一些早熟棉区也属于该品质棉区。

中长绒棉区：新疆南北疆部分棉区适于发展中长绒棉，适宜布局高品质中长绒的棉有：南疆的库尔勒、尉犁、若羌、阿图什、伽师、岳普湖、1 团、32 团、43 团等；北疆的博乐、精河、乌苏、克拉玛依、莫索湾和 121 团等。这些县（区）可发展纤维绒长≥31 mm、比强度≥32 cN/tex 的中长绒棉品种。

长绒棉区：南疆的库尔勒、阿克苏第一师的部分团场及东疆棉区（吐鲁番、鄯善、托克逊）适宜布局发展长绒棉。其中，南疆适宜种植早熟长绒棉，东疆适宜种植中熟长绒棉。

超级长绒棉区：东疆的吐鲁番、鄯善和托克逊，南疆的库尔勒棉区更适宜发展超级长绒棉，可布局发展超级长绒棉品种。

需要指出的是：一些棉区具有多重性，适宜种植发展多种纤维类型品质的棉花，如库尔勒等。品质区划需要考虑生态品质和品种遗传品质相结合。

三、影响品质生态分布差异的气候因子

通过对光热、纬度、海拔等环境因素相关分析发现，气候因子是支持品质区划分布规律的重要原因之一，棉纤维品质生态分布与生态环境密切相关。与新疆棉花纤维品质生态分布密切相关的主要生态因子是 7 月平均温度和日均气温＞25 ℃持续天数及有效积温，其中 7 月平均气温＞25 ℃，且＞25 ℃持续天数 50 d 以上的棉区纤维品质较优，纤维长度、比强度较高。但如果这类棉区积温过高、＞25 ℃持续天数过长会造成棉纤维偏粗。这些生态因子及内地品种棉铃发育进程与新疆 7 月棉铃最佳发育期的同步吻合程度也是影响内地品种在新疆种植纤维品质下降的主要原因。

（一）影响棉花品质生态分布的南北东疆亚区气候条件

南疆亚区：集中在叶尔羌河、塔里木河流域，地处塔里木盆地东西南北缘，海拔 737～1 427 m，无霜期 160～220 d，≥10 ℃的活动积温达 4 000～4 700 ℃，≥15 ℃持续日数为 155～170 d，最热月（7 月）平均气温为 24.0～27.5 ℃，温度日较差为 12～17 ℃。光照条件仅次于东疆，较优越，年日照时数 2 500～3 000 h，日照率 60%～70%。

东疆亚区：最热月（7 月）平均气温高达 28～32 ℃，≥10 ℃的活动积温达 5 400 ℃，≥15 ℃持续日数为 166 d。日照条件最优越，年日照时数高达 3 000～3 300 h，日照率为 69%。火焰山以南地区，≥10 ℃的活动积温为 5 400～5 500 ℃，最热月平均温度为 32～33 ℃，年降雨量为 500 mm，无霜期为 190～220 d，但高温酷热，大风频繁。＞35 ℃天数为 70～98 d，绝对高温 49.6 ℃，春末初夏 8 级以上大风频繁，易造成蕾铃脱落，影响棉花生长；火焰

山以北地区，海拔 200～300 m，≥10 ℃的活动积温 4 500 ℃左右，最热月平均温度为 28～30 ℃，无霜期为 190～211 d，适宜优质长绒棉生产。所处的纬度相当于北部特早熟棉区北缘的位置，但由于海拔特别低（－100 ～300 m），盆地四周皆为戈壁，增温效应强烈。

北疆亚区：北线在北纬 44°20′～46°20′，虽然纬度高，但是由于海拔较低，棉区分布在海拔 500 m 以下的洪积冲积扇地带的中下部，海拔 250～450 m，年降水量为 120～180 mm，年太阳辐射量为 543～644 kJ/cm²，再加上内陆盆地的增温效应和充足的光照对活动积温起到了一定的补偿作用，从而使本区的热量条件大体与北部特早熟棉区相仿，保证了棉花得以高产优质。本区夏季气温较高，最热月（7 月）平均气温在 25 ℃以上，≥10 ℃的活动积温为 3 500～3 600 ℃，无霜期在 160 d 以上。

（二）依据≥10 ℃、≥15 ℃积温和无霜期进行棉区划分

影响棉花品质生态分布差异的各棉区温度因子：宜棉区≥10 ℃积温稳定在 3 600 ℃以上，≥15 ℃积温稳定在 3 000 ℃以上。种植长绒棉的基本温度指标是年≥10 ℃活动积温≥4 100 ℃、7 月平均温度≥25 ℃、年日照时数≥2 800 h、无霜期平均≥190 d。次宜棉区≥10 ℃积温稳定在 3 200 ℃、≥15 ℃积温稳定在 2 700 ℃、无霜期平均≥160 d。风险棉区≥10 ℃积温稳定在 3 200 ℃左右、≥15 ℃积温稳定在2 700 ℃左右、无霜期平均在 160 d 左右。

第 四 章

新疆棉花种植模式及种植制度

随着科技进步和生产条件的发展，新疆棉花生产已形成独具特色的种植模式和种植制度。棉区种植制度是指以植棉为主的作物组成、配置、熟制和种植方式（轮作、连作、间作、套种、混作和单作等）。合理的棉区种植制度能充分利用当地的生态资源保护生物多样性，为棉花生长营造较好的生态环境，进而提高光能利用率、土地利用率和劳动生产率，形成农业生态环境良性循环。

新疆绿洲农业种植制度演进由最早追求粮食增长为中心逐渐演变为以粮为主、经济作物为辅，再过渡到20世纪90年代的粮、经并重，又进一步发展到目前粮、经、林果并重发展的新格局。

新疆棉花、粮食作物与绿肥（苜蓿）实行划区轮作始于20世纪50年代中期。一般轮作周期为6年左右，轮作方式采用春季（冬季）小麦/苜蓿—苜蓿（2年）—棉花（3年），或玉米/苜蓿（2年）—棉花（3年）。20世纪90年代以来，在国家大力发展新疆棉花的宏观背景下，棉花种植规模和总产不断刷新纪录，苜蓿种植面积大幅度减少。主要植棉县（团场）的棉花面积占耕地面积80%以上，轮作倒茬棉田比例普遍不足1/4。主产区大部分种植棉花的农田已连作10年，有些棉田超过20年，棉花长期大面积连作现象十分普遍。随着棉花连作年限的延长，土壤速效钾呈下降趋势，土壤中积累的残膜数量增多，土壤中的微生物总量呈减少趋势，而且土壤微生物种群结构朝着不利于作物养分吸收的方向发展，即土壤微生物区系从"细菌型"向"真菌型"转化。因此，主要棉区逐步恢复粮、棉、绿肥轮作制，即小麦收获后，种植一茬绿肥，冬天翻压后，来年种植棉花。在北疆棉区，麦收后尚有≥10 ℃的活动积温近2 000 ℃，适宜复播油菜、油葵和草木樨。粮棉轮作方式在南疆棉区主要为冬小麦复播玉米与棉花轮作，北疆棉区为春小麦复播绿肥与棉花轮作，或冬小麦复播绿肥与棉花或玉米轮作，或棉花连作2～3年再与春小麦轮作。南疆重盐碱地、枯黄萎病重地，可实行棉花与水稻轮作，通过种稻洗盐减轻枯黄萎病的发生。东疆吐鲁番盆地因夏季高温多干热风，不宜种植玉米，则实行小麦复播高粱与棉花轮作，或实行瓜棉、菜棉间套作。

随着新疆"粮、棉、果、畜"四大基地建设发展，逐步总结出以粮、棉、林果为主体的轮作、复播、间套作等种植模式，特别是近些年在南疆主产棉区大规模发展林果，构建棉区大区域内粮、棉、生态林、园艺林果等的"生态型"间套作模式，主要有果棉间作、瓜棉间作、棉花茴香套作，小区域内棉田四周间作种植油菜、玉米、苜蓿等。棉田种植制度的不断优化，促进了新疆种植业结构调整、农业生态结构平衡及产业的高质量可持续发展。

第一节　种植模式及种植制度

一、新疆棉花种植模式

新疆采用"矮、密、早、膜"栽培模式，虽然株行配置、种植密度有多种，但都归结为"矮密早"种植模式。与内地棉花种植模式相比，有 4 个方面特点：①矮化栽培，棉花株高控制在 60～90 cm；②高密度栽培，理论亩株数 12 000～17 800 株；③地膜种植，采用地膜覆盖，宽膜（1.4～1.8 m）和超宽膜（2.3 m）栽培，一膜 4、6、8 行的株行配置；④早熟栽培，生育期控制在 120～135 d，伏前桃、伏桃、秋桃比例控制在 2：7：1，棉花合理生育进程为 4 月苗、5 月蕾、6 月花、8～9 月絮。

二、新疆棉花种植制度

棉田种植制度是指一个生态地区以植棉为中心的作物组成、配置、熟制和种植方式，包括轮作、连作、间作、套作、混作和单作等。合理的棉田种植制度能充分利用当地的生态资源和社会经济条件，提高光能利用率、土地利用率和劳动生产率，形成农业生态环境良性循环。由于无霜期短，新疆棉区种植制度为一年一熟制。

三、种植制度主要问题

棉花种植比例大，有些地区（县）棉花种植比例超过 60%，连作时间达 7~8 年，造成棉田生态环境恶化。据此，棉区要控制棉花种植比例，缩小连作年限，恢复粮棉和棉肥轮作，连作年限控制在 4~5 年较符合实际。

第二节　棉田主要轮作制度

新疆人少地多，耕地盐碱重，土壤肥力较低，高产稳产农田少，在种植制度上，合理安排棉花、粮食和养地作物（豆科作物、牧草绿肥）的比例，实行轮作换茬，做到养地与用地相结合，对于实现棉花高产、稳产至关重要。主要轮作方案如下：

一、棉花＋苜蓿

新疆棉花与苜蓿轮作始于 20 世纪 50 年代中期，当时轮作周期长达 10 年，粮棉争地矛盾突出，后与苜蓿轮作周期缩短为 6 年。

二、棉花＋小麦＋绿肥（油葵、草木樨轮作）

小麦收获后，种植一茬绿肥，冬天翻压后，来年种植棉花。该轮作在北疆棉区，麦收后尚有≥10 ℃积温近 2 000 ℃，适宜复播油菜、油葵、草木樨。据测定，翻压绿肥油葵后，可增加土壤有机质含量 0.1%~0.54%，种棉花第一年增产 10%~30%，并有一定的后效。

在南疆，采取冬麦返青时，浇头水前套种草木樨，形成小麦套种草木樨 1~2 年再轮作棉花的粮、棉、绿肥轮作制。

三、棉花＋水稻

在南疆重盐碱、病重区，多实行棉花与水稻轮作。通过种稻洗盐，抑制病害。该轮作主要在第一师、第二师、阿克苏、库尔勒的部分地区。该棉区主要种植方案是：水稻—棉花—棉花—棉花、水稻—小麦—棉花—棉花4年轮作。

四、棉花＋春玉米＋冬麦

棉花与粮食作物不定期的轮作是新疆主要轮作制。南疆为小麦复种玉米后倒茬种棉花，东疆吐鲁番盆地因夏季高温多干热风，不宜种玉米，则实行小麦复种高粱后与棉花倒茬种植。

五、棉花＋花生

棉花—花生轮作栽培模式是近年来针对新疆棉田连作严重和土壤可持续增产能力弱等突出问题开展的新型栽培模式，主要在哈密、奎屯、玛纳斯、石河子、库尔勒、阿克苏等地推广。花生为豆科作物，可以为棉花提供自身所固定的氮，棉花可以为花生提供自身所活化土壤中的磷，棉花—花生栽培模式可以改善土壤养分，提高作物产量，具有较高的经济效益和生态效益，为促进种植业结构调整、新旧动能转化，实现棉油持续稳产、减肥减药，探索一条新途径。

六、新疆棉田其他高效益多熟种植方式

为获得较高经济效益，形成了多种多样的间套作方式。

棉田套作：主要有棉花与茴香、棉花与瓜、棉花与大蒜套作。

棉田间作：主要有棉花与果树间作、棉花与瓜间作、棉花与茴香间作。

第五章

新疆棉花品种及良种选用

第一节　品种选育

一、新疆棉花育种现状

经过 50 多年的发展，新疆棉花育种技术体系基本建立，形成了地方、兵团、科研、教学、企业多种研发的本土育种机构，设有遗传育种、种质资源、良种繁育、栽培、生物技术等研究方向，在南北疆建设了多个育种基地，拥有万余份种质资源及棉花常规检验检测、分子育种等仪器设备，形成了一定数量规模的育种队伍，综合实力和创新能力得到较大提升。

新疆棉花育种在多类型棉花品种选育上取得了较大的进展。截至 2018 年，近 40 年来，累计审（认）定各类棉花品种 299 个，其中自育品种（陆地棉新陆早系列 99 个、新陆中 96 个、海岛棉 69 个、彩棉 28 个）292 个。2004—2008 年，审定棉花品种：新陆早品种 39 个、新陆中品种 37 个、海岛棉品种 31 个、彩色棉品种 14 个，共计 121 个，平均每年 24 个品种。2009—2013 年，审定棉花品种：新陆早品种 24 个、新陆中品种 32 个、海岛棉品种 13 个、彩色棉品种 13 个，共计 82 个，平均每年约 16 个品种。2014—2018 年，审定棉花品种：新陆早品种 36 个、新陆中品种 27 个、海岛棉品种 25 个、彩色棉品种 1 个，共计 89 个，平均每年约 18 个品种。但在品种突破性和市场竞争性方面还有较大差距，是今后努力方向。

二、新疆棉花育种目标与品种性状

（一）产量性状

新疆棉花品种产量性状遗传改良得到优化增益。单铃重保持适中或略有提高，一般在 5.3～6.5 g；衣分提高较为明显，衣分在 41.0% 以上；单株结铃数略有提高，为 5.5～7.0 个。

（二）品质性状

新疆棉花品种品质性状、纤维长度已由 16～19 mm 提高到 29～31 mm，断裂比强度由 22 cN/tex 提高到 29～30 cN/tex，但马克隆值偏粗，仍以 B 级为主。与国外相比，在遗传品质、长度强力细度的匹配性、短绒率、棉纤维的一致性等方面还存在较大差距。

（三）抗性

新疆棉花品种对枯黄萎病的抗性有了一定提高，但与生产上对抗性的要求还有差距，抗性稳定性有待提高，大部分为抗枯、耐黄萎病品种，抗性水平中等。在抗虫、抗旱、耐盐碱、耐高温、耐低温等抗性方面明显滞后。这与新疆棉花抗性育种起步晚、基础相对薄弱有关。

（四）熟性性状

新疆棉花品种熟性较好，这得益于早字当头的熟性改良，目前熟性完全满足了栽培模式及区域气候特点，生育期短（105～135 d）、霜前花率高。为适应机采棉一次性采收需要，品种的集中成熟性尚有待提高。

（五）机采棉性状

新疆棉花品种机采性状与机采要求还有差距，需要根据机采农艺性状标准加强机采性状的选择。

（六）遗传多样性

通过对新疆棉花历史审定品种遗传多样性研究分析，新疆棉花品种同质化严重，区内品种遗传系谱中涉及不同生态型、不同遗传组分的亲本数较少，亲本主要来源于美棉和苏联品种，表现为遗传系谱简单、品种间亲缘关系较近、遗传基础狭窄。从国外品种及国内品种多样性分析来看，中国品种低于国外品种，区内品种低于国内品种。在新种质选育上，应丰富拓展遗传组分。

（七）综合性状

新疆棉花品种农艺性状综优的少。虽然实现了由引进向自育的转变，但高产、优质、广适性好、适宜机采等综合性状好的品种少，高产优质抗逆协同改良成效不显著，高产不优质、优质不抗病等问题突出。

（八）育种理论水平

新疆棉花育种技术水平处于全国中等水平。主要表现为育种理论基础薄弱、研究水平低、育种机理揭示浅、育种理论研究少，未形成新疆系统育种理论和系统化的变异、聚合、鉴定、选择和评价机制，还是以传统育种为主，与现代分子生物技术结合少，难以支撑育种高效技术体系的创新。从育种途径看，育种方法单一，主要是单交和简单的复交，后经系统选育而成，远缘杂交、分子辅助选择育种、分子设计育种和转基因育种未很好地应用，还未建立规模化、商业化育种平台。

总之，新疆棉花育种具有区域性、不可替代性，应发挥本土区域特色。随着黄河流域、长江流域棉区棉花的种植面积逐年减少，内地的企业开始进驻新疆——全国最大的棉花生产基地，给新疆带来更好的育种资源、育种技术和育种人才。据统计，目前，新疆每年通过各种形式参加自治区试验的外来企业、科研单位参试品种占全部参试品种个数的 20％～30％。市场上推广的品种或品系占新疆全疆市场份额的 40％左右，说明新疆自育品种的能力很强，主要使用的是本地选育出的品种。

三、新疆棉花品种特点

新疆的生态条件、种植制度、栽培模式决定了新疆棉花品种在株型、生长发育、产量结构等方面，与黄河流域、长江流域的棉花品种有较大差别，形成了早熟、大铃、株型紧凑、杆矮、枝短、节少的品种特点。

株型以紧凑矮化为主，筒形为宜，果枝零式或I～II式，果枝短、节间短、果节少，叶片上举中等大小，叶倾角、果枝夹角小于 60°为宜，赘芽少、节枝比低、叶枝少，株高 60～90 cm，具有较好的耐密性。

生长发育要求早发、集中成熟、早熟。生育期短（110～130 d），第一果枝节位 4～6 节，生长发育进程快，现蕾开花成铃吐絮集中，三桃比例伏前桃：伏桃：秋桃＝1：8：1 或 2：7：1，吐絮快而集中，霜前花率高。

产量结构特点为大铃，果枝、果节适中，单株铃数较长江流域、黄河流域少，成铃以中下部、内围铃为主。具体表现为单铃重 $\geqslant 5.5$ g、果枝 $7 \sim 11$ 台、果节 $15 \sim 20$ 个、单株铃数 $5 \sim 8$ 个、中下部成铃数占总铃数的 80%，其中内围铃占 80%。

四、新疆棉花品种存在问题

(一) 品种单一性状好，但综合性状不足

随着新疆棉花生产的发展，棉花品种单一性状的改良已不能满足现在市场、纺织企业对品种的需求，需要传统育种与现代生物技术育种手段相结合，将熟性、产量、品质、抗性及机采性状进行综合匹配。长期以来新疆棉花育种以市场为导向，偏向于产量育种，忽视了新疆品质育种的优势。随着"供给侧"改革的实施，新疆棉花品种改良开始转向保证品质、兼顾抗逆性和稳定性方面。

(二) 新疆棉花品种与国外品种相比，遗传稳定性、一致性、广适性较差

国外知名种子企业拥有大规模、数字化、程序化、永久性的种质资源管理和利用平台，育种家可在全世界试验站之间规范地交流和共享种质资源，品种遗传稳定性、一致性、广适性好，品种的使用年限长。新疆从事育种的单位较多，但规模小且分散，同一单位各课题组间都难以进行资源交流共享，且种质资源流失严重，育成品种多，但品种类型单一，同质化严重，遗传稳定性、一致性、广适性较差，育成品种 80% 以上均没有推广，已推广品种的推广面积有限、使用年限短。

第二节　棉花生产对棉花品种的要求

一、新疆棉花生产对优良品种的要求

从新疆实际出发，不同生态区不仅对棉花品种的早熟、稳产、

抗病及纤维品质等特性有要求，还希望其具备播种品质好、纤维品质优良、适宜机采、耐密性强等特性。随着社会经济发展和市场的不断变化，新疆对棉花品种也在提出不同的需求，如高水肥利用、低酚、油饲兼用、自封顶等。

二、优良品种的选用原则

优良品种选用基本原则：一是国家审定的品种；二是因地制宜，结合当地生产条件、种植模式，选用适合自己的、能解决自身问题的、发挥品种特性的品种；三是试验示范，了解品种特性；四是种子质量要达到国家质量要求。切记不要盲目跟风、轻信夸大宣传，适合自己的品种才是最好的品种。

1. 注意选用高产的品种 高产是基础，直接关系棉农收益和植棉积极性。

2. 注意选用早熟品种 棉花品种的早熟性状是其获得高产的前提保证。北疆棉区选用生育期 120～125 d 的早熟品种，南疆棉区选用生育期 125～130 d 的早中熟棉花品种。

3. 注意选用综合抗性突出的品种 枯黄萎病、棉铃虫、蚜虫、盐碱、干旱、高温已成为新疆棉花生产的重要环境问题，因此务必选用综合抗性好的品种。

4. 注意选用稳产适应性强的品种 新疆气候独特，生态类型多，灾害频发。因此对品种的稳产性、适应性要求高，只有适应性强才能保证在不同生态区、不同年份高产稳产，在新疆高产与稳产相比，稳产更重要。新疆育成品种多，推广品种少，重要原因之一就是品种稳产适应性有待提高。

5. 注意兼顾品种的优质性 新疆是我国优质棉区，棉花出口和商品率高，对棉花品种内在品质要求较高。没有优质就没有市场和高附加值，因此务必选用符合市场需求的、纤维品质优良的品种。

6. 注意选用适宜机采的品种 机采棉已成为新疆棉花重要发展方向，只有选用适宜机采的品种，才能提高采净率，才能提高采收效率，才能提高采收品质，才能最大程度地减损。因此要选择机采性状优良的品种。

7. 注意选用个体优势较强的品种　在高密度种植下，新疆棉花个体优势严重不足，选用个体优势较强的品种对提高棉花产量意义重大。

8. 注意选用株型较紧凑的品种　株型紧凑、筒形、植株疏朗清秀品种更适宜高密度种植。

9. 清楚选用的种子是常规种还是杂交种　若是选用杂交种，注意是一代种还是二代种，注意二代种的农艺性状一致性好，产量品质抗性优势突出。同时其栽培管理技术上也有别于常规种。

10. 注意选用铃较大、衣分较高、集中成熟的品种　这样的品种农艺性状好，更适宜机采、精量播种，并与高能辐照同步，成熟品质好。

11. 选用品种的种子质量要符合国家棉种质量要求　即成熟饱满、破籽率＜5％、含水量＜12％、发芽势强、发芽率＞85％、纯度＞95％等。

第三节　棉花优良品种的引种及良种繁育

一、新疆棉花品种引种原则

新疆棉区从外地引种，首先注意植物检疫。不要引进携带检疫对象的种子。其次，遵循气候相似性。气候相似是引种成功的先决条件。新疆北疆棉区从河西走廊、辽宁特早熟棉区，南疆棉区从黄河流域的河北、山东、河南、山西等棉区引种容易成功。再者，遵循同纬度棉区引种。新疆为我国高纬度棉区，高纬度棉区从低纬度棉区引种，即南种北引，生育期一般会延长，容易引起迟熟或不能正常开花成熟而减产或绝产，如需南种北引（如从长江流域棉区向黄河流域棉区引种），则必须是中早熟或中熟类型品种。低纬度棉区从高纬度棉区引种，即由低温、少雨、长日照地区向高温、多雨、短日照地区引种，也称"北种南引"（如长江流域棉区从黄河流域棉区引种），生育期一般缩短，亦表现早熟早衰、减产，要引种务必选中熟或晚熟类型品种。从同纬度棉区引种易获成功。最后，注意引进品种的特性与新疆棉区栽培模式的适应性。早熟品种、株型紧凑型品种、大铃品种、对长日照反应不敏感型品种，一般引种易获成功。

新疆棉花引种重点要对品种成熟性和抗病性加以重视并进行科学鉴定。因新疆年际间无霜期及热量条件差异极大，品种熟性务必适应新疆不利年份的生态环境，据此，在品种引进时，务必对品种成熟性进行多年多点鉴定。20 世纪 90 年代中后期新疆大量引进内地品种，由于未经多年鉴定，引进前两年，品种表现良好，随即迅速大面积种植，1996 年新疆为冷态年型，≥10 ℃积温减少近 500 ℃，造成引进品种大部分晚熟、霜前花率只有 50％左右，当年产量减产显著，而自育品种影响较小。随着气候的变化，病虫害的加剧，引种务必要科学规范。西北内陆棉区从黄河流域棉区引种，生育期一般延长 7～10 d，务必引进早熟类型品种，北疆务必引进短季节棉品种。引种成功，促进了新疆联合育种、协作育种工作的开展，对提高育种效率发挥了作用。

二、新疆棉花良种繁育

良种是棉花基本生产资料。棉花是常异花授粉作物，如果没有健全的良种繁育体系，棉花良种在生产、栽培过程中可发生混杂而产生退化现象。为保持优良品种特性，充分发挥优良品种作用，务必做好良种繁育工作。

（一）棉种的分类及优质种子标准

棉种一般有三类：育种家种子（又称原原种）、原种、良种。育种家种子：由育种家繁殖、提供的原始种子。原种：用育种家种子繁殖的 1～3 代或按原种生产技术规程生产达到原种质量标准的种子。良种：用原种繁殖的 1～3 代的种子，也叫生产种，是市场普遍销售的种子。

（二）良种在棉花生产中的作用

种植优良品种是提高棉花产量、改善品质、增加效益的重要途径（表 5.1）。近 60 年来，随着社会发展和科技进步，新疆棉花的产量、品质得到大幅度提高，这其中优良品种发挥了突出作用。

表 5.1　优质种子标准

	级别	纯度（%）	破籽率（%）
棉花毛籽	原种	≥99.0	≤5
	良种	≥95.0	≤5
棉花光籽	原种	≥99.0	≤7
	良种	≥95.0	≤7

注：其他指标：健籽率≥75%、短绒率≤9%、残酸率≤15%。

良种退化的原因大致有：①机械混杂；②生物学混杂；③不良环境条件的影响；④遗传分离与性状变异。

从目前实际情况看，机械混杂和天然杂交的交互作用，品种过多、品种更新过快、良种繁育体系滞后，是导致棉花良种混杂、退化最主要和最普遍的原因。群众说"一年纯，二年杂，三年四年不知像个啥"充分反映了做好棉花良种繁育工作的必要性。针对混杂、退化现象，采取切实有效措施，完全可以降低混杂、退化的速度及其影响程度。如埃及的"阿许谋尼"品种在生产上应用了 100 多年，苏联的 108 夫品种也应用了 40 多年而并未发生严重的混杂、退化。

良种繁育基地建设，新疆已建立 120 万亩棉花良种繁育基地，并制定颁布了棉花制种基地建设标准，这对保障棉花良种有效供给发挥了重要作用。

三、防止棉花良种混杂、退化的主要措施

因地制宜，做好品种布局，并实现一地一种制。建立和健全良种繁育和供种体系。

第四节　棉花主要品种及特征

一、新疆陆地棉品种及其特性

（一）北疆审定品种（表5.2）

表5.2　新疆北疆棉花审（认）定品种主要性状表

品种	生育期(d)	纤维长度(mm)	断裂比强度(cN/tex)	马克隆值	衣分(%)	单铃重(g)	抗枯萎病性	抗黄萎病性	品系名称	育种单位	来源	皮棉相比CK(%)
新陆早1号	124	30.0	4.1	4.0	34.0	4.8	S	S	691	新疆第八师下野地试验站	722系统选育	
新陆早2号	123	28.4	4.1	3.9	38.6	4.7	S	T	554	新疆石河子棉花研究所	6902×中棉所4号	
新陆早3号	128	30.0	3.6	4.8	39.5	5.2			80-2056W	新疆生产建设兵团第七师农科所	66-241×(爱字无毒棉×荆州4588)	
新陆早4号	133	29.0	21.5	3.8	36.5	6.1	S	S	85-57	新疆生产建设兵团第七师农科所	(66-241×洋74-47W)×岱70	
新陆早5号	127	28.5	21.7	3.7	37.4	4.3	S	S	894	新疆石河子棉花研究所	(347-2×科遗181)F$_1$×(新陆早1号和陕1155混合花粉)	
新陆早6号	125	29.7	18.6	3.9	42.7	5.4	S	S	系550	新疆生产建设兵团第七师农科所	85-174×贝尔斯诺	+22.8
新陆早7号	125	29.5	19.9	3.7	39.0	5.5	S	T	822	新疆石河子棉花研究所	自育优系347-2×塔什干2号	
新陆早8号	125	29.1	20.0	3.7	38.8	5.3	S	S	1304	新疆石河子棉花研究所	V.W$_x$×新陆早1号，F$_1$代种子辐射处理育成	+20.3

（续）

品种	生育期 (d)	纤维长度 (mm)	断裂比强度 (cN/tex)	马克隆值	衣分 (%)	单铃重 (g)	抗枯萎病性	抗黄萎病性	品种名称	育种单位	来源	皮棉相比 CK (%)
新陆早 9 号	125	29.6	20.1	4.2	41.3	5.9	T	S	97-145	新疆生产建设兵团第七师农科所	（系 5×贝尔斯诺）×中棉所 17	+6.2
新陆早 10 号	119	29.5	20.7	4.6	41.5	6.2	R	T	新石 K1	新疆石河子棉花研究所	（黑山棉×02Ⅱ）×中 381	−2
新陆早 11	128	27.8	20.3	3.7	40.5	5.7	R	T	豫早 202	宏祥种业		+16.4
新陆早 12	129	28.9	20.1	3.8	38.0	6.4	HR	HR	辽棉 95-25	新疆生产建设兵团第五师农科所		
新陆早 13	121	30.6	21.2	4.2		5.2	HR		97-65	新疆生产建设兵团第七师农科所	自育 83-14×（抗病 5601 和 1693 混合父本）	+11.5
新陆早 14	127	30.0~32.0	21.8	4.2	41.5	5.8~6.3	S	S	杂 9619	新疆石河子棉花研究所	新陆早 7 号×zk90	+13
新陆早 15	128	29.7	21.5	4.3		5.5	S		系 7	新疆生产建设兵团第七师农科所	jw×中棉所 12	+2.5
新陆早 16	126	33.6	24.6	3.7		5.7-6.3	S	S	97-185	新疆生产建设兵团第七师农科所	早熟鸡脚棉×贝尔斯诺	+0.8

（续）

品种	生育期(d)	纤维长度(mm)	断裂比强度(cN/tex)	马克隆值	衣分(%)	单铃重(g)	抗枯萎病性	抗黄萎病性	品系名称	育种单位	来源	皮棉相比CK(%)
新陆早17	120	29.3	20.9	4.2	44.0	5.7	HR	HR	新B1	新疆农业科学院经济作物研究所	9908	+13.4
新陆早18	122	29.9	21.7	3.8	36.6	6.3	HR	T	69118-8	新疆农业科学院经济作物研究所	高代材料69118	-5.3
新陆早19	128	28.3	22.7	4.3	41.7	6.0	HR	T	新石K6	新疆石河子棉花研究所	91-2×自育品系900	
新陆早20	130	31.4	23.2	3.8	40.9	5.5	HR	T	A01-5	新疆生产建设兵团第八师150团	97-185系统选育	+11.5
新陆早21	121	29.1	21.0	4.2	40.5	5.2~5.8	R	T	98-2	富依德科技有限公司	1034系统选育	
新陆早22	125	31.6	20.7	3.8	40.8		HR	S	新垦07	新疆农垦科学院棉花研究所	本所材料45-1×新陆早6	
新陆早23	124	30.3	21.4	4.0		6.4	R	R	201	万氏种业	中棉所27系统选育	+13.5
新陆早24	129	32.9	24.2	3.5	40.4	6.4	R	T	康地51028	康地种业	长绒品系7074为母本×抗病品系C-6524	+7.6

（续）

品种	生育期(d)	纤维长度(mm)	断裂比强度(cN/tex)	马克隆值	衣分(%)	单铃重(g)	抗枯萎病性	抗黄萎病性	品系名称	育种单位	来源	皮棉相比CK(%)
新陆早25	125	32.0	22.2	4.4	44.2	5.6	S	T	21285	新疆生产建设兵团第七师农科所	[（系5×贝尔斯诺）×晋14]×中棉所17	+7.2
新陆早26	127	31.1	21.8	5.1	42.9	6.2	R	T	TH99-5	天合种业	新陆早8号系选育	+26.3
新陆早27	123	32.1	23.1	4.3	39.7	6.2	R	T	康地3033	康地种业	7147×贝尔斯诺	-4.9
新陆早28	130	33.3	27.9	3.4	39.1	6.6	R	T	602	惠远种业	新陆早4号×（贝尔斯诺+西大抗病、优质、丰产混合花粉）	-6.7
新陆早29	128	33.2	24.8	3.4	39.0	6.4	R	T	9901	金博种业	新陆早16系统选育	-9.7
新陆早30	124	30.9	23.1	4.1	39.9	6.2	HR	T	JB298	金博种业	新陆早16系统选育	-4.8
新陆早31	125	32.9	24.2	3.7	40.9	6.4	S	S	207	万氏种业	（新陆早6号×贝尔斯诺）×爱字棉	-6.2
新陆早32	125	30.5	22.4	4.4	38.9	6.2	R	S	垦1014	新疆农垦科学院棉花研究所	拉马干77系统选育	+7.3

（续）

品种	生育期 (d)	纤维长度 (mm)	断裂比强度 (cN/tex)	马克隆值	衣分 (%)	单铃重 (g)	抗枯萎病性	抗黄萎病性	品系名称	育种单位	来源	皮棉相比 CK (%)
新陆早33	123	30.2	21.9	4.2	39.5	5.9	R	T	垦4432	新疆农垦科学院棉花研究所	石选87	+3.8
新陆早34	124	30.0	21.9	4.7	38.8	5.7	HR	T	康地3043	康地种业	新陆早13×7003	+0.2
新陆早35	127	30.4	22.5	4.6	42.5	5.5	T	S	0317	新疆生产建设兵团第七师农科所	（早3×中2621）×中35×早16	+9.4
新陆早36	120	28.7	21.0	4.4	41.5	5.6	HR	T	新石K8	新疆石河子棉花研究所	新陆早8号×BD103	+11.6
新陆早37	128	29.9	21.9	4.3	39.9	6.3	HR	R	96－19	新疆生产建设兵团第五师农科所	（辽83421×系5）×（辽9001×系5+90－2混合花粉）	－6.0
新陆早38	127	30.9	23.6	4.1	39.7	6.3	HS	T	905	新疆生产建设兵团第七师农科所	（92－226×早9）×（中6331×中17）	－2.8
新陆早39	125	32.6	24.8	3.7	40.1	6.5	HS	T	315	万氏种业	（早4×贝尔斯诺）×岱字棉	－6.5

（续）

品种	生育期(d)	纤维长度(mm)	断裂比强度(cN/tex)	马克隆值	衣分(%)	单铃重(g)	抗枯萎病性	抗黄萎病性	品系名称	育种单位	来源	皮棉相比CK(%)
新陆早40	123	32.3	24.4	4.2	44.6	5.7	HS	S	9843	新疆农垦科学院棉花研究所	早16×(D256×SW2) F₂	+0.32
新陆早41	123	31.7	21.8	3.7	44.0	5.6	R	S	富全10	新科种业	17-79	+3.0
新陆早42	120	29.6	21.9	4.6	42.0	5.3	R	S	垦62	新疆农垦科学院棉花研究所	早10×97-6-9	+10.1
新陆早43	122	30.2	21.5	4.2	41.7	5.9	R	S	石杂3	新疆石河子棉花研究所	41-4×H2	+1.8
新陆早44	124	30.5	22.6	4.4	41.9	6.2	R	R	新垦杂1	新疆农垦科学院棉花研究所	MP1×FP1	+1.9
新陆早45		29.8	22.6	4.1	40.8		HR	S	西部4号	新疆农垦科学院棉花研究所	新早13×9941	8.2
新陆早46		30.3	22.1	4.1	43.4		HR	T	新石K10	新疆石河子棉花研究所	系9×822	4.7

（续）

品种	生育期(d)	纤维长度(mm)	断裂比强度(cN/tex)	马克隆值	衣分(%)	单铃重(g)	抗枯萎病性	抗黄萎病性	品系名称	育种单位	来源	皮棉相比CK(%)
新陆早47		33.5	24.6	4.1	45.0		HR	S	06X2	新疆生产建设兵团第七师农科所	(中17+9901)×早16	1.5
新陆早48		28.9	19.9	4.3	40.5		HR	T	惠远710	惠远公司	石选87×优系604	13.1
新陆早49		32.2	23.4	4.6	42.0		HR	S	K05-31	新疆生产建设兵团第七师农科所	9765×早16	7.4
新陆早50	129	30.6	29.3	4.1	44.2	5.3	HR	S	FY408	新疆农业科学院经济作物研究所	[新陆早13(97-65)×优系225]F_1×Y-605	4.2
新陆早51	128	30.3	30.9	4.5	38.7	5.5	HR	T	金垦71	新疆农垦科学院棉花研究所	新早10×垦0074	4.7
新陆早52	120	32.0	32.5	3.9	45.5	6.0			硕丰165	硕丰种业	硕丰1号×602姊妹系	4.34
新陆早53	124	29.0	31.7	4.5	41.0	5.5			金垦802	新疆农垦科学院	石选87×新陆早9号	6.8
新陆早54	124	29.4	30.8	4.4	40.0~41.0	6.5~6.8			K-1286	新疆农业科学院	K-265×K-263	11.09

（续）

品种	生育期 (d)	纤维长度(mm)	断裂比强度 (cN/tex)	马克隆值	衣分 (%)	单铃重 (g)	抗枯萎病性	抗黄萎病性	品系名称	育种单位	来源	皮棉相比CK (%)
新陆早55	121	30.1	32.0	4.4	43.6	5.96			天云杂一号	大有赢得种业	早熟抗病×早熟高衣	1.9
新陆早56	124	30.0	31.5	4.4	42.0	6.3			石杂5号	石河子农科中心棉花研究所	石H3×黄尖102	12.9
新陆早57	122	30.0	29.7	4.4	43.5	5.5				新疆农业科学院	新陆早17×新陆早8号	2.8
新陆早58	126	30.6	30.6	4.3	45.0	5.8~6.0			K07-12	新疆建设生产兵团第七师农科所	(185×9717)×亲3×中2612×抗35	
新陆早59	125	31.7	31.5	4.4	44.8	5.8				惠远种业		
新陆早60	125	29.6	32.5	4.6	44.6	5.5			金垦1042	新疆农垦科学院棉花研究所	9843×316	6.4
新陆早61	121	31.0	30.5	4.2	44.0~46.0	5.9			新石H4	前海种业	HB8×O13	10.8
新陆早62	124	30.3	29.9	4.3	43.8	6.0			新石K13	庄稼汉农业科技		1.5

（续）

品种	生育期(d)	纤维长度(mm)	断裂比强度(cN/tex)	马克隆值	衣分(%)	单铃重(g)	抗枯萎病性	抗黄萎病性	品系名称	育种单位	来源	皮棉相比CK(%)
新陆早63	124	28.9	29.9	4.4	43.9	5.9			中705	新疆农业科学院棉花研究所	天河99×抗病丰产126	2.27
新陆早64	123	30.1	30.2	4.2	43.0	6.3	S	S	新审棉55	新疆合信科技发展有限责任公司		
新陆早65	125					6.3			智农361	新疆合信科技发展有限责任公司		13.9
新陆早66	123	30.7	30.1	4.5	44.0	7.5			万氏472	万氏种业	万氏217×高代抗病希A2	5.9
新陆早67	121	30.03	32.4	4.3	42.4	6.2			金垦杂1061	新疆农垦科学院棉花研究所	4432幼系×自育系68-38	6
新陆早68	121	30.0	31.3	4.6	43.7	5.7	R	T	金垦1152	新疆农垦科学院棉花研究所	1254×CIL122	6.3
新陆早69	120	30.5	32.1	4.5	43.7	5.6			金垦杂113	新疆农垦科学院棉花研究所	06X2×7630	8

（续）

品种	生育期(d)	纤维长度(mm)	断裂比强度(cN/tex)	马克隆值	衣分(%)	单铃重(g)	抗枯萎病性	抗黄萎病性	品系名称	育种单位	来源	皮棉相比CK(%)
新陆早70	120	29.3	30.5	4.6	41.0	6.0	HR	S	新石杂11	新疆石河子农业科学研究所	34-4×616	
新陆早71	138	29.8	29.7	4.5	44.0	5.5	HR	R		新疆同氏德海农业科技有限公司	石远87×(604.704)	3.2
新陆早72	123	30.8	30.5	4.4	43.7	5.3	HR	S	惠远706	惠远种业	(新陆早13×602)F₁/21285	
新陆早73	123	30.3	29.9	4.4	42.0	5.5	HR	S	新农早104	新疆农业科学经济作物研究所	吉-1×674	3.2
新陆早74	120	30.5	31.3	4.3	43.1	5.5	HR	T	新石H8	新疆石河子农业科学研究所	新陆早33×217	2.9
新陆早77	122	30.7	32.5	4.7	43.4	5.2	HR	T	天云07195	大有赢得种业	新陆早35×Q30-11	12.45
新陆早78	115	30.1	31.7	4.4	43.3	5.6	S	S	1206-1	金丰源种业	1216×新陆早16	14.2

（续）

品种	生育期(d)	纤维长度(mm)	断裂比强度(cN/tex)	马克隆值	衣分(%)	单铃重(g)	抗枯萎病性	抗黄萎病性	品系名称	育种单位	来源	皮棉相比CK(%)
新陆早79	117.5	31.3	31.4	4.15	41.3	5.7	HR	T	新石选12-1	新疆石河子农业科学研究所	自育(20-46×新B-29)×(8-56×系9)	9.1
新陆早80	117	30.0	31.4	4.7	43.3	5.6	R	S	新石H10	新疆石河子农业科学院	自育(20-8×SM)	6.6
新陆早81	125	29.8	31.5	4.3	42.8	6.3	R	S	H6-5	新疆合信科技有限公司	95-3×0405	13.8
新陆早82	120	29.6	30.1	4.6	40.6	5.7	HR	S	Y17	新疆生产建设兵团第五师农科所	(冀杂566×系9)F_7×系9	7
新陆早83	118	30.6	31.6	4.4	42.7	5.9	HR	S	新石杂15	新疆石河子农业科学研究所	自育(217×KH9)	11.1
新陆早84	121	31.3	32.7	4.1	41.9	5.4	R	S		新疆合信科技有限公司		

（续）

品种	生育期 (d)	纤维长度(mm)	断裂比强度(cN/tex)	马克隆值	衣分 (%)	单铃重 (g)	抗枯萎病性	抗黄萎病性	品系名称	育种单位	来源	皮棉相比 CK (%)
金垦杂1062	120	30.0	30.9	4.7	41.9	5.9	S	S		新疆农垦科学院棉花研究所、新疆农垦科学院新垦棉业科技开发部、西域绿洲种业	718优系×110-23	
NH12026	119	29.6	30.3	4.5	44.0	6.5		S	棉双丰500	新疆南繁办、新疆合信科技发展有限公司	新陆早16×自育品系8168	
新石K26	119	30.0	30.4	4.4	42.9	5.9	HR	S		中国农业科学院棉花研究所、新疆石河子农业科学研究院棉花研究所	自育品系04-21-23×03-7-54的F₁	

注：HR，高抗病；R，抗病；T，耐病；S，感病。下同。

(二) 南疆审定品种 (表5.3)

表5.3　新疆南疆棉花审(认)定品种主要性状表

品种	生育期(d)	纤维长度(mm)	断裂比强度(cN/tex)	马克隆值	衣分(%)	单铃重(g)	抗枯萎病性	抗黄萎病性	品系名称	育种单位	来源
新陆中1号	151	28.9	4.0		39.5	6.6			巴5442	新疆巴州农科所	〔巴州6017×上海无毒棉〕×巴6017〕×722系统选育
新陆中2号	143	28.6	3.8		39.4	5.6	T		80415	新疆农业科学院经济作物研究所	(麦克奈尔210×新陆201)
新陆中3号	144	28.8	4.0		39.0	7.0	R	R	沙抗73	新疆农业科学院莎车农业试验站	〔(08夫×司1470)×108夫×137夫〕×陕401
新陆中4号	145	30.5	4.1		37.4	5.7	T		861579	新疆农业科学院经济作物研究所	72-3446×新陆202
新陆中5号	149	31.0	3.9	3.9	38.9				87766	新疆农业科学院经济作物研究所	陕721×108夫
新陆中6号	134	31.8	23.4	3.8					5419	新疆巴州农科所	巴州5419×上海低酚棉
新陆中7号	132	29.8	21.0	3.8	38.7	5.6	HR	R	9542	新疆生产建设兵团第一师农科所	85-113×中12

品种	生育期(d)	纤维长度(mm)	断裂比强度(cN/tex)	马克隆值	衣分(%)	单铃重(g)	抗枯萎病性	抗黄萎病性	品系名称	育种单位	来源
新陆中8号	134	32.7	22.3	3.8	42.5	5.9	R	T	冀91-19	新疆种子站	{C-8017×[宁细6133-3+(910依×陆地棉)F₄]}×[(永年小双桃×5940依)F₅×海南野生棉]
新陆中9号	133	33.0	25.7	4.0	36.5	7.0	T	S	386-5	新疆农业科学院经济作物研究所	(系5×贝尔斯诺)×中棉所17
新陆中10号	130	30.3	22.3	3.8	37.6	5.7	T		96519	新疆农业科学院经济作物研究所	95-10
新陆中11	128	31.5	21.9	3.9					9211	新疆巴州农科所	巴州7648×K-202
新陆中12	140	29.0		4.2	39.0	7.0	T	T	新岳1	岳普湖县	108夫
新陆中13	133	31.5	23.9	4.2	41.0	6.2	R	T	29-1	新疆农业大学	ND45×海岛3287,用ND45回交4次
新陆中14	138	29.9	21.7	4.2	39.2	6.1	R	R	97-12	新疆生产建设兵团第一师农科所	6214×中19

（续）

品种	生育期(d)	纤维长度(mm)	断裂比强度(cN/tex)	马克隆值	衣分(%)	单铃重(g)	抗枯萎病性	抗黄萎病性	品系名称	育种单位	来源
新陆中15	133	32.3	24.9	3.9	41.0	6.4	R	S	16-1	新疆农业大学	ND25×海岛3287，用ND25回交4次
新陆中16	135	30.5	21.5	4.0	40.5	6.4	HR	T	E3-8-12	新疆第一师良繁场	中5×(中12+中17+中19)
新陆中17	132	30.5	21.7	4.2	42.7	5.5	HR	T	K31	新疆第一师良繁场	协作92-36×中17
新陆中18	139					5.6	T	T	白9805	中国彩棉集团	冀9119×辽10
新陆中19	140	32.6	25.6	3.0	41.1	6.0	HR	T	ND9804	新疆农业大学	900×贝尔斯诺
新陆中20	141	30.0	212.0	4.4	43.3	6.0	HR		98-60	天合种业	89-19×33
新陆中21	139	29.4	20.2	4.3	44.1	6.0	HR	T	S206145	新疆农业科学院经济作物研究所	92D×96-07
新陆中22	138	31.0	20.3	4.5	44.7	5.9	HR	S	红太阳2号	红太阳种业	9119×9658

（续）

品种	生育期(d)	纤维长度(mm)	断裂比强度(cN/tex)	马克隆值	衣分(%)	单铃重(g)	抗枯萎病性	抗黄萎病性	品系名称	育种单位	来源
新陆中23	120	31.8	24.0	4.4	40.9	5.6	T	T	94-4	吐鲁番农科所	陆-4
新陆中24	125	34.3	26.7	3.5	38.9	4.1	I	T	科杂7号	新疆生产建设兵团第一师农科所	H-1038A×1304R
新陆中25	134	30.0	21.4	4.4	43.5	6.2	S	T	康地4031	康地种业	KA×6012R42
新陆中26	127	29.6	19.7	4.4	44.6	5.8	R	T	6603	新科种业	17-79
新陆中27	135	30.2	23.3	4.2	43.0	6.2	I	R	TH134	天合种业	032×048
新陆中28	133	30.6	19.3	4.5	44.0	5.9	HR	R	华棉1号	杨异超	中9409×邯109
新陆中29	133	31.2	21.8	4.1	41.5	6.8			新杂棉1号	新疆优质杂交棉公司	J95-8×11-6
新陆中30	135	31.3	20.0	4.5	45.0	6.1	R	R	S96-13	创世纪	

（续）

品种	生育期(d)	纤维长度(mm)	断裂比强度(cN/tex)	马克隆值	衣分(%)	单铃重(g)	抗枯萎病性	抗黄萎病性	品系名称	育种单位	来源
新陆中31	137	35.4	26.6	3.7	39.7	4.4	HR	T	康地4036	康地种业	KA×01588
新陆中32	135	29.3	22.4	4.3	44.1	6.1	HR	S	科杂7(98-6)	巴州丰禾源种业	豫棉8×(中12+中19)
新陆中33	140	32.2	24.0	3.7	40.5	5.8	T	T	6802	新科种业	渝棉1号×036
新陆中34		29.5	22.3	4.2	42.6	5.8	T	S	H038	新疆巴州农科所	8316×中99
新陆中35	130				42.0	5.3			6803	新科种业	
新陆中36	134	30.8	21.3	4.2	41.5	5.7	R	T	K20-7	石河子大学	9119×155
新陆中37	139	30.9	24.6	4.2	41.0	5.2	T	S	TH-A27	塔河种业	B23×渝棉1号
新陆中38	136	30.7	22.9	4.5	42.8	5.7	R	T	康地3042	康地种业	99-26

（续）

品种	生育期(d)	纤维长度(mm)	断裂比强度(cN/tex)	马克隆值	衣分(%)	单铃重(g)	抗枯萎病性	抗黄萎病性	品系名称	育种单位	来源
新陆中39	136	36.3	28.7	3.8	38.0	4.4	T	R	康地4038	康地种业	KA×H3
新陆中40	138	30.8	21.8	4.5	42.5	6.0			拓农04-1	库尔勒种子公司	早16×(D256×SW2) F_2
新陆中41	132	32.2	22.1	3.6	42.1	5.9	HR	T	6328	新疆巴州农科所	巴州6807×Acala1517
新陆中42	133	30.3	22.0	4.6	43.2	5.6	R	S	新GK-4	新疆农业科学院经济作物研究所	[（早7号×中2621）×中35]×早16
新陆中43	133	35.0	26.0	3.5	36.8	4.2	HR	T	科杂2	新疆生产建设兵团第一师农科所、塔河种业	41-4×H2
新陆中44		31.2	23.3	4.0	42.4		R	S	富全9号	新科种业	石远321×中19
新陆中45		30.8	22.0	4.3	42.4		HR	S	吉田168	光辉种子公司	4133×51504
新陆中46		29.7	21.4	4.5	44.3		HR	T	9325	河南正林、禾春州种业	中12×（新植1号+新桂15）

（续）

品种	生育期(d)	纤维长度(mm)	断裂比强度(cN/tex)	马克隆值	衣分(%)	单铃重(g)	抗枯萎病性	抗黄萎病性	品系名称	育种单位	来源
新陆中47		31.6	24.4	4.4	43.8		HR	T	X11006	新疆巴州农科所	J198-72×1099
新陆中48		30.8	23.9	4.4	43.2		R	S	9816	新疆生产建设兵团第一师农科所、塔河种业	[(99-708×(C6524×中19)]×99-425
新陆中49		30.2	21.6	4.8	44.4	5.5	HR	T	128	石河子大学、石大种业公司	
新陆中50	144	28.5	29.1	4.6	44.8	6.2	HR	S	原中7号	新农村种业	石远321×新B1
新陆中51	142	31.9	32.7	4.3	42.4	6.6	R	T	K215	石大科技	(新中8×29-1) F1×优系38-1
新陆中52	132	30.4	30.3	4.2	41.2	6.3	T	S	7-6	新疆生产建设兵团第七师农科所	H927×S1
新陆中53	136	29.8	30.7	4.8	43.0		HR	T	康地4039	康地种业	KA×X913
新陆中54	140	29.4	30.8	4.4	43.6	5.9	HR	S	K-1286	新疆农业科学院经济作物研究所	K265×K263

（续）

品种	生育期(d)	纤维长度(mm)	断裂比强度(cN/tex)	马克隆值	衣分(%)	单铃重(g)	抗枯萎病性	抗黄萎病性	品系名称	育种单位	来源
新陆中55	130		30.2	4.2	42.4	6.5	R	S		富全新科种业	
新陆中56	135	29.8	30.3	4.5	43.4	7.0	HR	S	富全15号	富全新科种业	
新陆中60	146	30.3	33.2	4.3	43.0	6.1	HR	T		塔河种业	新陆中14×20-965
新陆中61	140					6.0	HR	HR	中287	前海种业	中9409×中287
新陆中62	139	29.4	31.7	4.3	44.6	6.0	HR	S	THW-56		新陆中17×自育高代材料A1
新陆中63	134	28.8	29.6	4.9	44.3	7.4	HR		巴5355	新疆巴州农科所	冀9119优系×苏联引进材料1085
新陆中66	130	29.9	29.6	4.3	45.0	7.1	HR	S		中国农业科学院棉花研究所	中50154×新陆中26
新陆中67	130	30.2		4.6	43.0	6.9	HR	S	塔大棉1号	塔里木大学	高产1508×抗病608

（续）

品种	生育期(d)	纤维长度(mm)	断裂比强度(cN/tex)	马克隆值	衣分(%)	单铃重(g)	抗枯萎病性	抗黄萎病性	品系名称	育种单位	来源
新陆中68	132			4.2	45.2	6.1	HR	S		金丰源种业	
新陆中69	135				44.0	6.4	HR	T	巴41975	新疆巴州农科院	巴州7217×acal1517
新陆中70	137	29.6	32.6	4.4	44.2	5.6	R	S	TH-08-824	塔河种业	H4024×H3095
新陆中71	134	29.3	29.5	4.2	44.7	5.7	R	T	41010	新疆巴州农科院	巴棉3号×9024
新陆中73	136	30.4	29.96	4.4	43.5	6.0	HR	HR	新38	新疆农业科学院经济作物研究所	K-3195×新陆中14
新陆中74	133	29.7	28.1	4.5	44.4	6.4	HR	HR	农2-3	新疆生产建设兵团第二师农科所	98-815×68
新陆中75	143	30.7	33	4.4	43.7	6.3	R	S	X-1031	新疆农业科学院经济作物研究所	30-3×新陆中9号
新陆中76	139	30.4	28.4	4.64	43.4	6.3	HR	S	新46	新疆农业科学院经济作物研究所	K-3160×新陆中9号

（续）

品种	生育期(d)	纤维长度(mm)	断裂比强度(cN/tex)	马克隆值	衣分(%)	单铃重(g)	抗枯萎病性	抗黄萎病性	品系名称	育种单位	来源
新陆中77	138	30.4	29.6	4.3	44.7	6.0	HR	R	新K3387	新疆农业科学院经济作物研究所	豫棉15×K-3370
新陆中78	135	30.6	33.1	4.0	44.8	5.9	R	S	新苗1	新疆农业科学院经济作物研究所	（新陆中9号×中棉所17）×新陆中14
新陆中80	135	31.2	30.3	4.45	42.8	5.75	HR	R	新6012	新疆农业科学院经济作物研究所	K-3387×W601
新陆中82	133	29.6	30.9	4.6	42.8	5.4	R	S	TH08-118	塔河种业	A27×自育抗病52-2
新陆中83	135	33.1	34.0	4.0	41.8	5.8	R	R	新6014	新疆农业科学院经济作物研究所	新陆中21×K3301
新陆中84	140	30.9	31.9	4.1	42.5	5.5	HR	S	新72	新疆农业科学院经济作物研究所	新陆中27×K3334
新陆中85	139	31.6	32.2	4.0	43.0	6.1	HR	R	10-1084	新疆生产建设兵团第一师农科所，塔河种业	03-734-03-217

（续）

品种	生育期 (d)	纤维长度 (mm)	断裂比强度 (cN/tex)	马克隆值	衣分 (%)	单铃重 (g)	抗枯萎病性	抗黄萎病性	品系名称	育种单位	来源
新陆中 86	136	30.8	31.6	4.3	44.0	5.2	HR	T	锦 K119	南京木锦基因工程公司	新陆中 30×09164
新陆中 87	135	29.7	29.3	4.3	42.8	6.1	HR	S	H12-1	新疆合信科技	9019×K10
新陆中 88	137	31.9	32.9	4.3	41.9	5.8	HR	S	AW1041	新疆农业科学院经济作物研究所	A8578×FY321
欣试 518	135	30.8	30.7	4.4	42.1	5.9	HR	S	欣试 518	新疆农业科学院经济作物研究所、河间市国欣农村技术服务总会	GX619×中棉所 35
源棉新 13305	128	31.5	32.6	4.4	42.6	6.3	R	R	源棉新 13305	新疆农业科学院经济作物研究所、新疆田苗种业有限公司	（中棉所 19×新陆中 36）×新陆中 14

（三）新疆认定的棉花品种（表5.4，表5.5）

表5.4 新疆认定的棉花品种主要性状表

品种	生育期(d)	单铃重(g)	衣分(%)	子指(g)	纤维长度(mm)	断裂比强度(cN/tex)	马克隆值	抗病性 枯萎病	抗病性 黄萎病
中棉所12	145~150	6.0	40.0	13.1	29.2	单强3.6	4.4	抗	感
C-6524	150~152	5.9~6.4	37.0~39.0	13.0	29.0~31.0	单强3.28~3.8	4.1~4.3	感	感
中棉所24	125	5.0~5.5	38.0~40.0	11.2~11.4	27.1	单强3.23	4.0	抗	感
中棉所19	139	5.4~5.6	40.0~42.0	9.2	28.7	20.4	4.0	耐	感
豫棉15	130~132	5.6~6.5	42.2	11.0	28.7	18.1	4.1	耐	感
中棉所17	138~140	5.7~5.9	38.0~42.0	10.0	29.9	22.3	4.2	抗	感
石远321	139	6.0~6.5	41.0~44.0	10.7~11.2	28.9~29.5	20.4~20.85	4.3~4.8	抗	感
中棉所35	136	5.7	41.7	11.7	28.3	18.3	4.1	抗	耐
中棉所36	124	5.3	42.2	11.5	30.3	22.6	4.0	抗	抗
辽棉12	118~123	6.2	38.2	11.6~12.1	29.1	20.3	4.2	抗	抗
冀668	133	6.12	42.7	11.5	30.5	19.6	4.5	抗	耐
新海早1号	140	6.0	41.1	11.7	32.6	25.6	3.6	抗	耐
中棉所49	145	6.1	41.8	11.2	30.5	20.7	4.3	抗	抗
中棉所43	137	5.81	43.7	9.9	29.2	19.0	4.4	抗	耐
锦科S96-13	135	6.1	45.0	11.1	31.4	20.0	4.5	免疫	抗
冀丰107	134	5.6	44.7	10.5	30.5	21.4	4.6	免疫	耐
新陆棉1号	137	6.7	41.0	12.0	31.2	22.3	4.1	抗	抗

表 5.5　新疆长绒棉审定品种主要性状表

品种	生育期(d)	纤维长度(mm)	断裂比强度(cN/tex)	马克隆值	衣分(%)	单铃重(g)	抗枯萎病性	抗黄萎病性	品系名称	育种单位	来源	皮棉相比CK(%)
新海1号	148				31.3	2.8				八一农学院（现新疆农业大学）、吐鲁番棉试场、新疆农业科学院经济作物研究所	5230弗	
新海2号	132	37.4		4.8	28.7	3.2		R	74-202	新疆农业科学院经济作物研究所、吐鲁番农科所	司6022×8763依	
新海3号	139	39.5		3.9	30.9	2.8		R	混选2号	新疆生产建设兵团第三师农科所	9211依	
新海4号												
新海5号	130	38.3		4.6	31.0	3.0			77-48	新疆农业科学院经济作物研究所、吐鲁番农科所	吐海2号×吐海1号	
新海6号	140	35.4		4.0	31.9	2.9			K178	新疆农业科学院经济作物研究所	军海1号	
新海7号	136	35.9		4.1	34.5	2.9		R	巴3230	巴州农科所	军海1号×5904依	

（续）

品种	生育期(d)	纤维长度(mm)	断裂比强度(cN/tex)	马克隆值	衣分(%)	单铃重(g)	抗枯萎病性	抗黄萎病性	品系名称	育种单位	来源	皮棉相比CK(%)
新海8号	135	35.4	3.9		30.8	2.8	T	R	235	新疆生产建设兵团第一师农科所，新疆生产建设兵团第二师农科所	77-18C	
新海9号	125	36.1	4.4		30.0	3.0			79-531-1	新疆农业科学院经济作物研究所，吐鲁番农科所	3761×72-69	
新海10号	145	38.2	3.7		33.7	2.7			1120	新疆生产建设兵团第一师农科所	军海1号	
新海11	139	35.7	4.3		32.3	2.9	T		H8645	新疆生产建设兵团第二师农科所	77-18B	
新海12	139	36.8	4.7		29.0	2.7	T	R	K-253	新疆农业科学院经济作物研究所	军海1号×司6022变异株	
新海13	146	38.1	5.0	3.6	30.2	2.9			88-346	新疆生产建设兵团第一师农科所	新海8号×A	
新海14	143	35.5	29.9	3.8	32.9	2.7		R	86-430	新疆生产建设兵团第一师农科所	1120×44116	+15.4
新海15	136	35.1	33.6	3.8	33.2	2.6	HR		90-242	新疆生产建设兵团第一师农科所	1120×A	+45.9

（续）

品种	生育期(d)	纤维长度(mm)	断裂比强度(cN/tex)	马克隆值	衣分(%)	单铃重(g)	抗枯萎病性	抗黄萎病性	品系名称	育种单位	来源	皮棉相比 CK(%)
新海 16	139	35.8	32.5	3.8	32.4	3.2	T	R	K-211	新疆农业科学院经济作物研究所	新海 6 号×87196	
新海 17	143	35.5	32.8	4.2	33.0	3.0	R	T	94-206	新疆生产建设兵团第一师农科所	（新海 8 号×吉扎 75）×（1120×A 杂交铃）	+33
新海 18	139	35.0	34.7	3.7	31.4	2.9		R	3287	新疆生产建设兵团第一师农科所	89-186×88-38	+26.3
新海 19	120								D-748	吐鲁番农科所，中国科学院遗传发育研究所	82-6-17×8763	
新海 20	132	36.7	39.1	4.0	32.0	3.3			K-354	新疆农业科学院经济作物研究所	86430×88-346	+32
新海 21	141	36.5	45.2	4.1	32.1	3.1	R	R	99107	新疆生产建设兵团第一师农科所	（新海 8 号×吉扎 75）×（新海 10 号×A 杂交铃）	+4.5
新海 22	130	36.3	35.6	4.4	34.0	3.3			85A-1-14	新疆生产建设兵团农垦科学院棉花所	（新海 5 号×佩 784）×77-8	+25.7
新海 23	139	36.5	35.3	3.9	32.2	2.9			2430	新疆生产建设兵团第一师农科所	785-3×G75	

（续）

品种	生育期(d)	纤维长度(mm)	断裂比强度(cN/tex)	马克隆值	衣分(%)	单铃重(g)	抗枯萎病性	抗黄萎病性	品系名称	育种单位	来源	皮棉相比CK(%)
新海24	134	36.9	44.2	3.8	31.5	3.2	T	R	96007	新疆农业科学院经济作物研究所	85-75×（新海10号+新海8号）	
新海25	142	37.8	41.6	3.7	33.6	3.4	R	R	240	新疆生产建设兵团第一师农科所	3287×242	
新海26	140	35.9	42.5	4.3	33.9	3.2	T	S	巴20-02	新疆巴州农科所	新海12×873117	+8.6
新海27	142	36.6	44.2	4.0	32.1	3.1	HR	T	3404	新疆生产建设兵团第一师农科所，塔河种业	86-430×94-3160	-3.1
新海28	144	35.4	41.1	4.7	33.4	3.3	R	S	TH-45	塔河种业	98-18×新海11	+5.7
新海29	144	36.9	42.3	4.4	34.0	3.0	T	HR	118	新疆生产建设兵团第一师农科所，塔河种业	(242×072)×107	+3.6
新海30		35.8	42.8	4.2	34.3		T	R	B-3029	巴州农科所		+2.6
新海31	143	36.5	42.5	4.2	33.0	3.2	T	R	天长12号	天丰种业	新海15×A20-2	+2.4

（续）

品种	生育期(d)	纤维长度(mm)	断裂比强度(cN/tex)	马克隆值	衣分(%)	单铃重(g)	抗枯萎病性	抗黄萎病性	品系名称	育种单位	来源	皮棉相比CK(%)
新海32	140	37.1	44.3	3.8	32.1	2.7	T	R	91807	新疆生产建设兵团第一师农科所、塔河种业	[(新海75)F2×吉扎10号×A杂交铃]F3×[(新海8号×A杂交铃)F3]F4	+5.5
新海33	143	35.2	43.9	4.2	32.7	3.1	T	T	溢达1号	溢达公司	新海17辐照后代4442	−12.7
新海34	142	37.3	44.7	3.6	32.0	2.9	HR	T	德佳长2号	新疆德佳科技种业有限公司	从新海15变异株，经系统选育而成	+4.5%
新海35	137~140	36.4	42.8	4.0	33.4	3.1	R	T	K-366	新疆农业科学院经济作物研究所	新海12优系及吉扎棉、以具有埃及吉扎棉、中亚长绒棉血缘的早熟优质新品系97-145作父本	+11.8
新海36	146	38.0	44.5	3.7	31.6	3.3	H	T	207	新疆阿拉尔第一师农科所、塔河种业	由259×051杂交，后代材料在天然病圃经多年定向选择而成	+10.1
新海37	145	36.6	45.2	4.1	32.7	3.3	HR	T	05917	新疆生产建设兵团第一师农科所		+7.1

（续）

品种	生育期 (d)	纤维长度 (mm)	断裂比强度 (cN/tex)	马克隆值	衣分 (%)	单铃重 (g)	抗枯萎病性	抗黄萎病性	品系名称	育种单位	来源	皮棉相比 CK(%)
新海 38	135~137	37.1	43.3	4.3	31~32	3.3			TH－108	塔河种业		＋9.1
新海 39	135	36.4	44.8	3.9	33.5	3.5	HR	S	K－136	新疆农业科学院经济作物研究所	K－354×(S－03×96107)	
新海 41	142	36.6	45.6	4.0	32.2	3.4	HR	S	塔06－146	新疆生产建设兵团第一师农科所，塔河种业	02－3×02－396	
新海 43	140	36.8	47.4	4.1	32.8	3.6	HR	T	K－011	新疆农业科学院经济作物研究所	99－108×K－202	
新海 45	136	37.5	46.7	4.2	33.2	3.6	R	R	H3549	巴州农科院金丰源种业	90107×H－45	
新海 46	138	38.6	45.9	4.16	32.4	3.6	R	R	S0717	新疆生产建设兵团第一师农科所，塔河种业	自育321×抗病206	
新海 48	136~140	38.6	46.5	3.9	33.9	3.5			X－2038	新疆农业科学院经济作物研究所	210－70×新海21	

（续）

品种	生育期(d)	纤维长度(mm)	断裂比强度(cN/tex)	马克隆值	衣分(%)	单铃重(g)	抗枯萎病性	抗黄萎病性	品系名称	育种单位	来源	皮棉相比CK(%)
新海49	140	37.9	43.9	4.1	32.7	3.4			AW2044	新疆农业科学院经济作物研究所	AW0639×AW0576	
新海50	140	37.0	45.7	4.1	32.5	3.5	S	R		溢达农业	M5×(新海17×新海21)	
新海51	139	39.1	43.9	3.8	34.8	3.47			TH-314	塔河种业	丰产312-6×抗病自育07G-303	
新海53	141	39.2	45.3	4.0	32.8	3.55	HR	HR	K-399	新疆农业科学院经济作物研究所	新海15×丰产102	
新海54	139	37.2	46.1	4.5	34.6	3.5	HR	HR	塔08-362	新疆生产建设兵团第一师农科所		
新海55	138	38.3	44.9	4.2	34.5	3.5			元龙10	新疆农业科学院经济作物研究所	05-432×新海25	
新海56	139	38.7	46.2	3.9	33.5	3.5	R	R	智农361	九圣禾种业	新海26×新海25	

（续）

品种	生育期 (d)	纤维长度 (mm)	断裂比强度 (cN/tex)	马克隆值	衣分 (%)	单铃重 (g)	抗枯萎病性	抗黄萎病性	品系名称	育种单位	来源	皮棉相比 CK(%)
新海 57	139	39.0	45.6	3.9	33.5	3.56	HR	R	H5161	金丰源种业	(80015×80060)× (80015×81027)	
新海 58	138	38.7	45.4	4.0	33.1	3.51	R	R	33687	新疆巴州农科院	2061×新海 18	
新海 59	130	39.4	45.4	4.1	33.4	3.5	HR	HR	H39025	新疆巴州农科院	自育品系 3049× 自育品系 3021	
新海 60	135	40.1	43.5	3.9	32.9	3.2	HR	HR	K-138	新疆农业科学院经济作物研究所	新海 26（巴 20-02）× 97006 优系	
新海 61	130	38.3	45.3	4.4	34.3	3.3~3.5	HR	HR	AW101	新疆农业科学院经济作物研究所	自育（03293×AW25）	
新海 62	128.5	38.8	46.2	4.1	32.7	3.55	HR	HR	长丰7号	金丰源种业	新海 25×（新海 14×吉扎 70）F₄	
新海 63	137	38.3	43.1	4.1	32.1~33.3	3.3	HR	HR	TH08-285	塔河种业，新疆溢达纺织有限公司	H04-436×04-62	

二、新疆长绒棉特点及主要品种

长绒棉特点是铃小，衣分低，纤维品质优，抗黄萎病，不抗枯萎病。根据新疆生态特点和栽培模式，新疆长绒棉特点是株型紧凑，为零式果枝。新疆长绒棉育种自20世纪50年代以来，经历了引种、系统选育、杂交育种等育种阶段，育成了40余个新品种。生产上，先后大面积种植的长绒棉品种有军海1号、新海3号、新海5号、新海9号、新海12、新海14、新海21、新海22等品种，这些品种在新疆长绒棉生产中发挥了极其重要的作用。

三、新疆彩棉品种（表5.6）

表5.6　新疆彩棉审定品种主要性状表

品种	生育期(d)	纤维长度(mm)	断裂比强度(cN/tex)	马克隆值	衣分(%)	单铃重(g)	抗枯萎病性	抗黄萎病性	品系名称	育种单位	来源	皮棉相比CK(%)
新彩棉1号	129	29.4	21.5	3.5	33.0	5.0	R	R	棕9801	彩棉集团	美棉BC-B01	
新彩棉2号	135	28.4	20.5	3.7	34.5	5.0	R	R	棕9802	彩棉集团	美棉BC-B05	
新彩棉3号	131	27.6	13.9	2.5		4.6	R	R	绿9803	彩棉集团	美棉BC-G01	
新彩棉4号	127	26.3	11.6	2.5		4.7	R	R	绿9804	彩棉集团	美棉BC-G01	
新彩棉5号	139	26.9	22.5	3.4		4.7	R	R	204-1	彩棉集团	新陆早7号×棕9802	+10.0

（续）

品种	生育期(d)	纤维长度(mm)	断裂比强度(cN/tex)	马克隆值	衣分(%)	单铃重(g)	抗枯萎病性	抗黄萎病性	品系名称	育种单位	来源	皮棉相比CK(%)
新彩棉6号	132	27.2	24.2	3.8	39.0	5.3	I	T	棕330	彩棉集团	新陆早6号×棕絮2号	+8.8
新彩棉7号	131	26.0	19.0	2.7	26.8	4.1	I	HR	绿402	彩棉集团	K202×绿絮2号	+50.6
新彩棉8号	138	26.4	21.4	2.7	27.5	4.7	T	T	垦绿1号	新疆农垦科学院棉花研究所	种质资源	+26.1
新彩棉9号	126	30.7	33.9	3.6	32.1	4.6	I	T	彩杂-1	彩棉集团	H×174	+25.3
新彩棉10号	134	28.2	25.8	3.8	34.1	4.3	HR	T	石彩3	新疆石河子棉花研究所	中394×黄绒棉	
新彩棉11	138	27.8	30.2	4.0	37.7	5.2	R	T	棕343	彩棉集团	棕9802×16-1	+18.7
新彩棉12		30.2	26.7	2.5	31.8		R	T	绿715	彩棉集团	山-8×2000259	+12.8
新彩棉13	139	28.9	27.6	4.6	38.7	5.3	R	S	石彩2	新疆石河子棉花研究所	石彩1号×美棉8073	
新彩棉14	132	28.0	27.4	3.9	38.1	5.1	R	S	系选Z-1	新疆生产建设兵团第七师农科所	2-63	+29.2

（续）

品种	生育期(d)	纤维长度(mm)	断裂比强度(cN/tex)	马克隆值	衣分(%)	单铃重(g)	抗枯萎病性	抗黄萎病性	品系名称	育种单位	来源	皮棉相比CK(%)
新彩棉15	132	30.0	27.9	3.9	38.7	4.9	S	S	棕325	彩棉集团	9119×棕絮1号	+17.5
新彩棉16	130	30.7	24.9	2.8	34.0	4.9	R	S	绿251	彩棉集团	系9×G9905	+38.3
新彩棉17	130	29.8	28.7	4.1	39.7	5.2	R	S	棕431	彩棉集团	棕9802×中棉所35	+17.1
新彩棉18	128	29.2	27.8	4.2	41.8	5.0	R	S	垦棕5号	新疆农垦科学院棉花研究所	石彩1号为母本，自育品系彩棕6号为父本	+31.1
新彩棉19	131	30.0	29.5	4.0	36.0	5.3	T	S	棕643	彩棉集团	S543×新彩棉1号	5.2
新彩棉20	130	28.3	29.2	4.1	42.2	5.8	HR	T		新疆生产建设兵团第五师农科所	97-2×系9	
新彩棉21	135	28.5	30.9	3.9	37.0	5.1	HR	T	棕1540	塔河种业	0-7×167	
新彩棉23	122	27.5	31.3	3.8	42.8	5.3	HR	T	石彩10	新疆石河子棉花研究所	01-5-46×03Y-1	

第 六 章

新疆棉花生长发育
的环境条件

第一节　光照条件

一、棉花生长发育需要的日照条件

棉花是喜光作物。棉花的喜光性体现在棉叶的光补偿点和光饱和点均较一般大田作物高。棉花光饱和点高达 70 000～80 000 lx，而一般作物只有 20 000～50 000 lx，表明在强光照条件下，一般作物不能进行光合作用时，棉花仍能正常进行光合作用。棉叶的光补偿点为 1 000～2 000 lx，大体相当于白天自然光照强度的 2%～5%。棉花生长过程中，由于棉叶层层交替，相互遮阴，一般盛夏的中午，晴天光照强度可达 100 000 lx 以上，多云天气的光照强度在 15 000～50 000 lx，阴雨天 5 000～15 000 lx，远远低于光饱和点。

二、光照对棉花生长发育的影响

棉花对光照的需求既严格又敏感。光照不足会抑制棉花器官的形成，造成棉蕾和铃的脱落、烂铃、僵瓣等，直接影响产量和品质。播种阶段少阳光、出苗推迟；苗期阶段少阳光，生长缓慢，多弱苗；蕾期阶段少阳光，丰产架子搭不好；花铃阶段少阳光，脱落严重，难集中成铃；吐絮阶段少阳光，吐絮不畅，不集中。由此可见，改善棉田光照条件十分重要。特别是在新疆高密度种植模式下，田间光环境往往难以满足棉花生长的需求。对于疯长棉田，因封行过早，中、下层叶片光照条件恶化，部分棉叶经常处于光补偿点附近，以致其难以发挥应有的作用。

三、高光合效率棉花发育与群体结构

首先，应促进棉花早发，以减少前期棉田的漏光损失。其次，调节棉花发育进程、叶面积系数高峰期与新疆 6～8 月高能富照期同步，以提高光合生产率。再者，调控棉花冠层结构处于理想状态。实现"推迟封行、带棉铃封行，下封上不封，中间一条缝"的要求，使棉田中层叶片的受光强度达到自然光强的 15%～35%，下层叶片受光强度保持在 5%以上，避免冠层过分郁闭，不通风透光，加重棉株中、下部蕾铃脱落。最后，通过满足肥水供应、合理化控等措施，改善棉田通风条件，以求降低棉叶的光补偿点，并提高其光饱和点，这样就能更好地、经济有效地利用光能。

第二节　热量条件

一、积温的定义及计算方法

棉花生长发育需要一定的温度（热量）条件。在生长发育所需要的其他条件均得到满足时，在一定温度范围内，气温和发育速度呈正相关，并且要积累到一定温度总和才能完成其发育期，这个温度的积累数称为积温。

积温有 2 种，分别为活动积温和有效积温。棉花在不同的生育时期都有一个生长发育的下限温度，一般用日平均气温表示。高于下限温度时，棉花才能正常生长发育。一般将棉花各生育时期所需要的最低临界温度作为积温起算的下限，把高于下限温度的日平均气温值叫作活动温度，并把某个生育时期或全部生育期内的活动温度的总和，称为某一生育时期或全部生育期的活动积温。活动温度与生物学下限温度之差，叫作有效积温。某个生育时期或全部生育期内有效温度的总和，称为某一生育时期或全部生育期的有效积温。

活动积温和有效积温不同之处在于，活动积温包含了低于生物学下限温度的那部分无效积温。温度越低，无效积温所占的比例越大。有效积温较为稳定，能更确切地反映作物对热量的需求，因此应用有效积温较好。

二、棉花生长发育需要的温度条件

棉花也是喜温作物。棉花生长发育需要一定的积温条件。棉花种子从萌发到第一个棉铃吐絮大致需要活动积温为 3 200～3 500 ℃。细绒棉种植的基本温度是≥10 ℃积温稳定在 3 200 ℃以上，≥15 ℃积温稳定在 2 700 ℃以上。棉花完成各个生育阶段，也需要一定的活动积温。各生育阶段积温不仅对生育进程快慢起决定性影响，而且关乎产量和品质的形成。棉花播种至出苗所需≥10 ℃积温200 ℃左右、出苗至现蕾 600 ℃以上、现蕾至开花 700 ℃左右、开花至吐絮 1 400 ℃以上、吐絮至收获1 000 ℃以上。低于最低临界温度或高于最高极限温度，均会引起发育障碍。

三、新疆南、北、东疆棉花发育所需积温

棉花生育的最适宜温度随着生育进程发展而变化。从出苗到吐絮，总趋势是中期需温较高，前后期需温略低，与气温的季节性变化趋势大致吻合。完成不同生育阶段需要不同的最低临界温度和活动积温，一般早熟品种对温度条件要求稍低，而中熟品种要求稍高。

北疆棉花从播种至枯霜期一般需≥10 ℃积温为 3 362.0～3 633.0 ℃。播种至出苗为 194.3～239.7 ℃，出苗至现蕾为 713.7～715.9 ℃，现蕾至开花为 645.8～657.8 ℃，开花至吐絮为 1 356.6～1 476.4 ℃。

南疆棉花从播种至枯霜期一般需≥10 ℃积温为 3 756.2～3 938.4 ℃。播种至出苗 191.5～233.6 ℃，出苗至现蕾 833.4～951.2 ℃，现蕾至开花 605.0～666.2 ℃，开花至吐絮 1 628.9～1 690.01 ℃。

东疆棉区长绒棉从播种至枯霜期一般需≥10 ℃积温为 5 364.2 ℃。播种至出苗为 246.9 ℃，出苗至现蕾为 1 136.5 ℃，现蕾至开花为 769.3 ℃，开花至吐絮为 1 787.6 ℃。

四、棉花生长发育对温度的要求

（一）发芽出苗对温度的要求

棉种萌发、出苗的最低临界温度为 11～12 ℃，最高极限温度约 40 ℃。在这范围内，温度越高，萌发出苗越快。棉花萌发出苗阶段的日平均温度由 17 ℃提高到 23 ℃，从播种到齐苗的天数由 15 d 左右缩短到 7 d。棉花出苗对温度的要求比发芽高，一般需要 16 ℃以上才能正常出苗，因为棉籽下胚轴伸长并形成导管需要在 16 ℃以上才行。棉花种子发芽后，如果温度下降到 10 ℃以下，就会发生低温冷害，初生的幼根会发生碳水化合物和氨基酸外渗，导致皮层崩溃而根尖死亡，即使随后温度回升，也只能在下胚轴基部生出次生根。

（二）幼苗生长对温度的要求

棉花幼苗生长的最低温度为 16 ℃，高于 35 ℃生长就会受到抑制。苗期棉苗生长的适宜温度为 20～25 ℃。温度过低，不仅棉苗长势弱，易发生病苗、死苗，也不利于花芽分化。但温度过高也不好，温度过高往往使营养生长偏旺，从而抬高果枝始节，形成高脚苗、旺苗。

（三）棉花茎枝生长对环境的要求

棉花果枝芽的形成受生态条件和栽培措施影响大。在日平均温度为 19～20 ℃（夜间温度影响更大），日照时间 8～12 h，水、肥（氮、磷、钾）供给合理，棉株体内合成的糖类和蛋白质多，非蛋白质氮积累较少时，则有利于腋芽发育为果枝芽。当日平均温度低于 19 ℃，阴雨天多，光照不足，水和氮过多，棉株吸氮比例过大，合成糖类少、非蛋白质氮积累较多时，腋芽易形成叶枝芽。

（四）棉苗根系生长对温度要求

棉花根系生长的适宜温度为 33～30 ℃，根际温度降到 14.5 ℃或高于 40 ℃时，根系就会停止生长。

（五）现蕾对温度的要求

棉花现蕾的最低临界温度为 19 ℃。蕾期阶段，棉株生长的最适温度为 25～30 ℃。在正常温度范围内，棉株现蕾速度随温度的

升高而加快，温度越高，现蕾速度越快，现蕾越多。当温度超过
35 ℃时，顶芽生长过快，由于顶端优势强，侧芽生长往往受到抑
制，现蕾速度反而减慢。在日平均气温相同的情况下，昼夜温差大
更有利于棉花的花芽分化和现蕾。

（六）开花对温度要求

棉花开花一般要求温度在 15 ℃以上，适宜温度是 28～32 ℃。
温度低于 15 ℃或高于 40 ℃，因花粉活力降低，易造成败育或受精
不完全。低温还可使花器官发生变异。如果花蕾在开花前连续几天
遭受低温，除苞叶外，花的外形将显著缩小，尤其是花瓣的长度短
于棉花的苞叶，花丝不伸长，花药变小而不开裂，柱头不能伸出雄
蕊群。光照有利于开花、提高花粉活力和受精。开花时遇雨，花粉
粒吸水膨胀破裂，丧失受精能力，导致蕾铃脱落。新疆棉花一般上
午 10:00～12:00 为开花最盛时段。

（七）授精对温度要求

棉花适宜授粉受精温度为 25～30 ℃。温度低于 15 ℃或高于
35 ℃、遇雨等会使花粉活力降低，阻碍受精。

（八）花铃期对温度要求

花铃期对温度要求较高，棉株生长的最适温度为 28～32 ℃。
昼夜温差大，有利于开花结铃。日最低气温低于 15 ℃或日最高
气温高于 35 ℃，均能造成花粉生活力下降，不利于正常开花授
粉。从开花到吐絮，大体需要 1 350～1 450 ℃活动积温，即开花
结铃期日平均气温在 25～30 ℃时，棉铃成熟需要 50 d 左右；当
气温降到 15～25 ℃时，棉铃成熟期延长到 70 d 以上。若开花期
日平均气温降到 22 ℃以下，霜前活动积温不足 700 ℃，即使结
铃也往往成为无效铃。一般可按这一时机界限，适时控制或清除
无效蕾。

（九）棉花结铃期间对温度要求

棉铃生长期间遇到高温或低温，都会影响其生长发育。当气
温≥35 ℃持续 5 d 以上或气温≤12 ℃时，对幼铃的生长发育都将
产生不利影响，主要是增加了秕籽数，减少了棉瓣中种子数，降

低了纤维重，僵瓣棉比例增加，从而降低了铃重，并常造成棉铃畸形。

（十）棉花吐絮期对温度要求

棉花吐絮最低温度为 16 ℃，成熟吐絮阶段的适宜温度为 25～30 ℃。一般气温越高、日照充足，棉铃开裂吐絮越快，吐絮质量越好。棉纤维的伸长，特别是沉积加厚，需要有较高的温度条件。日平均气温低于 16 ℃，纤维停止生长。气温低于 21 ℃，纤维素沉积加厚趋于停滞。晚秋桃铃重轻就是由于后期气温过低，使纤维素在棉纤维中的沉积和油脂在种胚中的积累发生障碍造成的。当日平均温度降到 10 ℃以下时，棉株停止生长。

（十一）棉花产量形成与光温关系

棉花产量、品质形成与气候密切相关。棉花生长发育适宜的温度为 25～30 ℃，气温低于 20 ℃，棉株生长发育缓慢，各器官形成和发育推迟，因此，温度低、热量不足会直接造成减产、晚熟、霜前花率低。棉花对光照的需求既严格又敏感。光照不足会抑制器官形成，造成蕾铃脱落、烂铃、僵瓣等，直接影响产量。

（十二）棉纤维品质形成对温度要求

棉花纤维长度、强度、细度等品质指标与气候关系极为密切。纤维伸长期和充实期需要 15 ℃以上的温度，尤其是夜间温度影响较大，当夜间温度在 20 ℃以上时，纤维能够较快地（约 20 d）伸长到品种应有的长度。如果夜间温度低于 20 ℃时，纤维伸长和纤维素沉积缓慢。夜间温度低于 15 ℃时，纤维伸长和纤维素沉积停止。由于纤维素沉积需要大量的糖分，所以棉花生长后期仍需要有利于光合作用的较高的光、温条件，低温、阴雨都不利于纤维的发育。但是，过高温度或干旱也不利于纤维发育，纤维长度会变短。纤维强度形成的适宜温度为 20～30 ℃，温度越高，纤维加厚越快，纤维强度越大。纤维细度和成熟度需要适宜的光照和温度，过强过高的光照温度，易使纤维变粗，低温寡照又使纤维变细。新疆棉区棉花纤维的马克隆值较大，与高温、富照有关。

第三节 水分条件

一、棉花生长发育需要的水分条件

棉花是较耐旱作物，在每公顷产皮棉2 250 kg水平下，棉花一生需水3 000～4 500 m³/ hm²。棉花不同生育阶段对田间持水量有不同要求。萌发出苗阶段，直播棉田田间持水量以略高于70％为宜。土壤湿度过低，不利出全苗，湿度过高则易造成烂籽。苗期和蕾期，根系活动层的土壤湿度以稍低为宜，这样有利于促进根系发展，田间持水量分别要求控制在55％～65％和60％～70％。花铃期正值棉花需水量高峰期，对土壤湿度提高，一般根系活动层的田间持水量以70％～80％为宜。土壤湿度过低，一般田间持水量以保持55％～65％为宜。如果土壤过湿，不仅会延迟吐絮，甚至会引起烂铃；土壤过干，则会影响籽棉正常发育。

二、棉花的需水规律

棉花不同生育时期需水量不同。苗期棉株小，生长慢，耗水量较少。蕾期棉株生长速度加快，耗水量也不断增加，到花铃期生长旺盛，温度高，耗水量最多。吐絮后，棉株生长衰退，温度较低，耗水量又减少。棉花不同生育时期对土壤适宜含水量的要求不同。播种至出苗，土壤田间持水量以60％～70％为宜，田间持水量过少，易造成种子不吸胀，影响发芽出苗，过多易造成烂种，影响全苗。苗期土壤水分以田间持水量55％～60％为宜，过少影响棉苗早发，过多棉苗扎根浅，苗期病害重。蕾期土壤田间持水量以60％～70％为宜，过少抑制发棵，延迟现蕾，过多引起棉株徒长。花铃期是棉花需水最多的时期，土壤水分以田间持水量的70％～80％为宜，过少会引起早衰，过多棉株徒长，增加蕾铃脱落。吐絮后，土壤水分以田间持水量55％～60％为宜，利于秋桃发育，增加铃重，促进早熟和防止烂铃。

三、棉花缺水主要表现

棉花缺水后，表现为顶芽的分化和生长速度减慢，从而使生长量不足，新叶出生慢，节间紧密，植株矮小，主茎顶部绿色，嫩头缩短并发硬，红茎比例上升。缺水棉株的果枝果节出生速度减慢，蕾铃脱落显著，叶片萎蔫下垂，叶片明显增厚，呈暗绿色。

第四节　气候条件

一、气候变化对棉花生产的影响

棉花是对气候反应较为敏感的作物。随着气候环境的变化，对我国棉花生产将带来一定影响。世界气候变化的主要特点是二氧化碳排放量不断增加，大气温室效应加剧，气温不断上升，因此，我国棉产区可能出现向北发展趋势。随着气温上升，棉花霜前花比例也将增大。年平均气温每上升 1 ℃，无霜期可增加 10 d，棉花生长季≥10 ℃的积温可增加 150～250 ℃。据此，气候变化可能导致不同生态品种种植边界的移动和栽培技术措施的改变。两熟复种和套种的植棉区北界也分别由长江流域和北纬 38°以南向北推进至淮河和海河一线。当品种熟性不变时，霜前吐絮棉铃比例可增加 5％～10％，铃重、棉纤维强度和成熟度也相应提高。随着大气中二氧化碳的增加、温度的升高，降水量和太阳辐射量也会发生变化，我国中、高纬度，即中北部地区，降水量将减少，干旱将加重，南方棉区季节性干旱也将频繁发生。与降水量的减少相对应，太阳辐射量也会有所增加，这对棉花产量、质量有利。大气中二氧化碳的增加，可以提高棉花光合作用强度，有利于光合产物干物质的积累，增加铃重、棉花产量和纤维品质。综上所述，随着大气中二氧化碳浓度的增加、温度的升高，总体对扩大棉区和棉花生长发育、产量、品质形成有利，但温度升高、蒸发和蒸腾加剧，降水量减少、干旱加重，又对棉花生长发育、产量、品质形成不利，故有灌溉条件的地区，可大力发展棉花种植，灌溉条件差的地区，要谨慎和适度发展棉花种植。

二、棉花不同生育阶段环境条件

（一）棉花苗期环境条件

棉花苗期有利的环境条件是气温稳定上升，温度在 18～25 ℃，天气晴朗，降雨少，土壤疏松透气，在此环境下，棉苗生长快且稳健。由于此时棉苗较小，因此纯作棉田受光照影响较小。苗期对水分要求较低，以 0～20 cm 土壤湿度在田间持水量的 60％～75％为宜。此期不利的环境条件主要是低温、冷害、倒春寒、大风、冰雹。

（二）棉花蕾期环境条件

蕾期适宜的环境条件是气温 20～25 ℃，多晴好天气和充足的光照，土壤疏松透气、养分充足，土壤湿度为田间持水量的 70％～80％，通风透光的田间小气候条件。蕾期不利的环境条件是出现较长时间的低温和连阴雨天气，遇到较强的寒潮、大风、冰雹天气；降雨偏少，大气和土壤干旱，土壤湿度低于田间持水量的 60％，土壤板结、不透气、肥水条件差；土壤过湿，田间持水量 85％以上；株间郁闭、通风透光不良、病虫害严重等。

（三）棉花花铃期环境条件

花铃期有利的环境条件是晴朗的天气，充足的光照，较高的温度，适宜的土壤湿度，土壤含水量为田间持水量的 80％，有通风透光的棉田小气候条件，有疏松、透气、保水、保肥的土壤条件等。不利的环境条件是干旱、持续的高温，连天阴雨寡照。棉花黄萎病、棉铃虫、蚜虫、红蜘蛛等危害。

（四）棉花吐絮、收花期气象条件

吐絮、收花期棉株对农业气象条件的要求是：有较多的日照时数，较强的光照强度，较高的空气温度和株间温度，较低的大气和棉田空气湿度，有较多晴好、微风的天气，气温在 20 ℃以上，空气相对湿度在 60%左右，株间相对湿度在 70%左右，0～50 cm 土层土壤湿度在田间持水量的 65%～75%。以上这些条件，可加速碳水化合物的形成、积累和转移，促进脂肪和纤维素的形成、积累、加速棉壳干燥，有利于棉铃开裂、吐絮及提高棉花产量品质。不利的气候条件是连阴雨、寡照、低温。

第五节　土壤的基本要求

棉花适宜在壤土中种植。要求土地平整，坡度小于 0.3%，土层深厚、肥力中、总盐量小于 0.3%、土壤 pH 为 6.5～8.5，以中性和微碱性为宜。棉花对土壤质地具有较强的选择性，以壤土为好，土层深厚、土壤平整、盐碱少、地力中等以上、质地疏松、排水良好、非常年连作土壤。

第 七 章

新疆棉花种植管理

第一节　新疆棉花播前准备

一、播前准备

播前准备包括土地准备、种子、地膜、肥料、农药等生产资料准备、机械准备、播期的确定等。土地准备包括贮水灌溉和整地施肥等环节。肥料准备包括有机肥、化肥的准备。机械准备包括做好动力机械及犁、耙、切、抹等整地机械的维修调试。播期的确定要根据当地的气候条件、地温、终霜期和土壤墒情综合确定。

二、播前土壤准备的技术要求

土壤是棉花高产的重要生产基础。土壤准备从秋耕一直到来年播前的平抹。主要技术要求如下：

（一）耕地要求

1. 秋耕　秋耕是来年播前重要技术措施。秋耕之后土壤能更好地储蓄水分，增进肥力，防除病虫和杂草，并能调节春秋作业的劳力和机具。秋耕比未秋耕棉田增产。秋耕深度一般为 25～30 cm。新疆秋季短，秋耕时间偏早好，以收获一块、耕一块为宜。秋耕同时带耙作业，使土壤松碎，以利于春天整地。近些年，新疆许多棉田不进行秋耕，建议建立秋耕制度。新疆棉田秋耕以北疆为主，南疆棉田因土地盐碱重、冬季降雪少，一般以春耕为主。

2. 春耕　未进行秋耕的棉田，在春天土壤处于宜耕状态时（地表土壤颜色略微发白），应及时春耕，翻耕深度以 25～30 cm 为宜。对于已进行秋耕的棉田，春耕主要是耙地、保墒、整地，深度为 3～5 cm。

3. 整地技术要求　土壤整地标准应做到"墒、松、碎、齐、平、净"。即达到墒度良好，上实下虚，土壤细碎（无直径 2 cm 以上的土块），边角整齐，地面平整，无残茬残膜。

由于新疆蒸发量大，大风频繁，土壤易跑墒，务必边耕边耙。对土壤较板结、土壤松碎度不好的棉田，可用圆盘耙进行松土，深度为 10 cm 左右，耕后随即耙抹保墒。已秋灌而未秋耕的棉田，若土壤墒度差、沙性强，需要耙地保墒，不必再深翻松土，以免水分丧失过多。

如果土壤耕层过于疏松，应采用镇压器镇压，使耕作层紧实度大于播种深度。在播前 2～3 d，可对土壤进行除草剂封闭处理。喷洒氟乐灵等除草剂，用量约 1 500 g/hm²，兑水 300～450 kg，边喷边抹，混土层深 6～8 cm，防止日晒失效，防止损伤棉花苗根。

（二）基肥

施好基肥。不施或少施基肥棉田的棉花，很容易出现脱肥现象。肥力低的棉田每亩增施有机农家肥 3 000～5 000 kg，播前（或铺膜前）一般还分层深施氮肥 15～30 kg，磷肥 10～25 kg。

（三）基础灌溉

做好冬灌春灌。秋耕后，春耕前，应进行蓄墒灌溉。南疆一般在 11 月中旬前冬灌结束，早春灌应在 3 月 20 日前结束。一般灌溉 1 200～1 500 m³/hm²，根据土壤质地、盐碱轻重决定灌水量和治碱次数，达到压盐洗盐碱，播前墒足。北疆棉田因采用干播湿出滴水出苗技术，大部分棉田不进行冬春灌，易发生雨后次生盐渍化现象，建议建立冬春灌周期制度。

第二节　播　　种

一、播期确定

在新疆，掌握好播期，加快播种进度，缩短播种持续日期，是增产的关键之一。由于新疆早春气候极不稳定，播期的科学确定尤为重要。播期过早，地温低，易遇各种灾害性天气，导致烂种、烂芽、烂根、僵苗、死苗。播期过晚，棉花生长发育推迟，难搭丰产架子，易造成晚熟霜前花率低。在适宜条件下，提倡适期早播，以促进早苗、早发，延长棉株的有效结铃期，充分利用光热资源，发挥增产潜力。值得注意的是，在非适宜条件下，早播并不能促进早发，甚至要大量补种或翻种。新疆春季气温低而不稳，终霜期从 4 月底至 5 月底，变幅长达 1 个月以上，低温、冷害、大风、倒春寒频繁，要根据气象预报确定播期，避开灾害性天气过程，霜前播种，霜后出苗，播在冷尾，迎在暖头，可以避免霜冻害，也是确定播期的经验。

科学的播期应根据种子萌发的生物学下限温度、膜下 5 cm 地温稳定通过 12～14 ℃的时间、终霜早晚和实时气象条件确定。当气温连续 5 d 稳定回升到 14 ℃以上，膜下 5 cm 地温稳定达到 13 ℃，实时气象没有灾害性天气，终霜后即可播种。

南疆适宜播期为 4 月 10～20 日，北疆为 4 月 15～25 日，东疆（吐鲁番、鄯善、托克逊）在 4 月 1～10 日，哈密在 4 月 15 日左右。盐碱地、地下水位较高的棉田宜晚播。

南疆早播棉田于 4 月 5 日开始播种，北疆早播棉田于 4 月 10 日开始。对于早播棉田实时气象预报极为重要。新疆晚播棉田一般在 4 月底至 5 月初，晚播棉花伏前桃少，霜前花产量也受到很大影响，所以 5 月初一般视为新疆棉花最晚播期。5 月中下旬遭遇灾害较重棉田，可改种也可翻种，采取促早熟综合调控措施，仍能保证基本产量。

二、双膜覆盖棉田播期

为提前播期，促进早发，增加棉花有效生长期，新疆兵团采用了双膜覆盖技术。由于双膜覆盖较常规的单膜覆盖显著提高了地温，在种子萌发至出苗阶段，双膜覆盖膜下 5、10、15、20 cm 深度土壤地温较裸地、单膜覆盖分别提高 4.1、3.0、1.6、1.3 ℃和 1.4、1.0、0.6、0.6 ℃，平均提高 2.5 ℃和 0.9 ℃。当大气日平均气温在 7.5 ℃，裸地地温平均为 10 ℃时，双膜覆盖地温即可达到 12 ℃，播期可显著提前。采用双膜覆盖，播期可提前到 3 月底至 4 月初，较常规地膜播期提前 6～10 d。双膜覆盖的棉田，第二层地膜揭膜时间极为重要，晚了会烧苗，一般以胚轴顶出土壤、子叶露出时即可揭膜。

三、播种技术要求（春播关键时期技术）

新疆棉花播种技术涉及播期确定、播种方式、播种量、空穴率、播种深度、覆土厚度、铺膜质量等技术要求。播种方式已全部采用精量播种，新疆棉花精量播种用种量依播种密度和种子大小不同而不同，一般 $17\sim30$ kg/hm²，空穴率小于 $3\%\sim5\%$，播种深度 $2\sim3$ cm，沙性土壤 $3\sim4$ cm。覆土厚度 $1\sim2$ cm。铺膜质量要平、直、紧贴地面、采光面宽、侧膜压紧埋实、防止大风揭膜。上述技术做得好的棉田，其增温、保墒、灭草效果均较显著。

播种机行走速度 11 km/h，深度一致，播量均匀和播行笔直，防止过快漏播，也防止播深过浅或过深。播种过浅，播种层土壤水分易丧失，影响出苗。播种过深，出苗慢，棉苗弱，遇不利气候条件易烂种、烂芽、烂根。

四、棉花播种后至出苗田间管理

（一）浅中耕
播种后遇雨土壤板结持续低温或有杂草时，应进行浅中耕，破除板结、提高地温，消除杂草、减少水分蒸发、抑制盐分上升。中耕深度 10 cm 左右为宜。

（二）防霜
播种后遇霜冻，可采取熏烟防霜。

（三）防风补种放苗
对侧膜未正压实、膜孔未盖实的棉田，要覆土防止大风揭膜。播种后 $7\sim10$ d 检查种子发芽、出苗情况，及时破膜解放压在膜侧内的棉苗，对严重缺苗断垄的棉田要及时补种。

第八章

新疆棉花生长发育规律

第一节　发育进程

新疆棉花总体发育进程为 4 月出苗、5 月现蕾、6 月开花、8 月初花上梢、9 月吐絮（表 8.1）。棉花出苗期在 4 月 22 日至 5 月初，从播种到出苗期需要 15～20 d。现蕾期于 5 月 24 日左右开始，出苗至现蕾需要30 d 左右。开花期于 6 月 25 日左右开始，现蕾到开花需 35 d 左右。吐絮期北疆 8 月底，南疆 9 月初，从 6 月 25 日左右至 9 月初为花期、花铃期和铃期，开花至吐絮需要 80 d 左右。

表 8.1　棉花发育进程

| 年份 | 出苗期 | | | 苗期 | | 蕾期 | | 花铃（铃）期 | | 生育期 (d) |
	播期 (月/日)	出苗期 (月/日)	天数 (d)	现蕾期 (月/日)	天数 (d)	开花期 (月/日)	天数 (d)	吐絮期 (月/日)	天数 (d)	
2009	4/6	4/21	15	5/22	31	6/23	32	9/10	79	142
2010	4/9	4/25	16	5/25	30	6/30	36	9/21	83	149
平均			15.5		31.5		34		81	145.5

一、主茎生长发育动态规律

新疆棉花主茎生长发育动态规律：苗期主茎日增长量为 0.44 cm 左右，蕾期主茎日增长量为 1.26 cm 左右，花（花铃）期主茎日增长量为 1.46 cm 左右（表 8.2）。

表 8.2　棉花不同生育期株高及主茎日增长量发育动态

| 生育时期 | 株高（cm） | | | 日增长量（cm） | | |
	2009	2010	平均	2009	2010	平均
苗期	16	18.4	17.2	0.37	0.5	0.44

（续）

生育时期	株高（cm）			日增长量（cm）		
	2009	2010	平均	2009	2010	平均
蕾期	52.7	54.6	53.7	1.28	1.23	1.26
花铃期	71.4	74.2	72.8	1.45	1.46	1.46

二、叶发育动态规律

新疆棉花叶龄发育动态规律：苗期叶龄日增长量＞0.26片、蕾期叶龄日增长量＞0.2片、花（花铃）期叶龄日增长量＞0.13片。长出第1片叶在5月7日左右，第1片真叶形成需时约13.5 d。第2片叶在5月10日左右，第3片叶在5月15日左右，第4片叶在5月19日左右，第5片叶在5月22日左右，第6片叶在5月27日左右，第7片叶在6月1日左右，第8片叶在6月6日左右，第9片叶在6月11日左右，第10片叶在6月16日左右，第11片叶在6月21日左右，第12片叶在6月26日左右，第13片叶在7月2日左右，第14片叶在7月7日左右，从第二片真叶开始，平均4.7 d形成一片新叶（表8.3）。

三、果枝形成动态规律

新疆棉花果枝生长发育动态规律：第1台果枝形成一般在5月30日左右、第2台果枝一般在6月6日、第3台果枝在6月10日、第4台果枝在6月13日、第5台果枝在6月18日、第6台果枝在6月22日、第7台果枝在6月27日、第8台果枝在7月4日、第9台果枝在7月9日、第10台果枝在7月12日、第11台果枝在7月16日。平均每台果枝形成需4.8 d，第1台果枝7 d、第2台果枝6 d、第3台果枝4 d、第4台果枝3 d、第5台果枝5 d、第6台果枝4 d、第7台果枝5 d、第8台果枝7 d、第9台果枝5 d、第10台果枝3 d、第11台果枝4 d（表8.4）。

表8.3　棉花主茎叶龄生长发育动态

单位：月/日

项目	年份	叶龄													
		1	2	3	4	5	6	7	8	9	10	11	12	13	14
叶龄发育日期（月/日）	2009	5/4	5/7	5/13	5/16	5/20	5/23	5/28	6/1	6/8	6/12	6/19	6/24	6/30	7/5
	2010	5/10	5/13	5/16	5/22	5/25	5/31	6/4	6/10	6/14	6/19	6/22	6/28	7/5	7/10
	平均	5/7	5/10	5/15	5/19	5/22	5/27	6/1	6/6	6/11	6/16	6/21	6/26	7/2	7/7
叶龄发育天数（d）	2009	12	3	6	3	4	3	5	4	7	4	7	5	6	5
	2010	15	3	3	6	3	6	4	6	4	5	3	6	7	5
	平均	13.5	3	4.5	4.5	3.5	4.5	4.5	5	5.5	4.5	5	5.5	6.5	5

表 8.4　棉花果枝生长发育动态

单位：月/日

果枝	1	2	3	4	5	6	7	8	9	10	11
2009	5/30	6/4	6/8	6/11	6/13	6/17	6/24	7/3	7/8	7/12	7/16
2010	5/31	6/7	6/11	6/15	6/20	6/24	6/29	7/4	7/9	7/12	
平均	5/31	6/6	6/10	6/13	6/18	6/22	6/27	7/4	7/9	7/12	
发育天数（d）	7	6	4	3	5	4	5	7	5	3	4

四、果节发育动态规律

新疆棉花果节发育动态规律：一般 6 月 5～10 日第 1 个外围果节开始形成，6 月 15～20 日第 2、3 个外围果节形成，6 月 21～25 日第 3、4 个外围果枝形成，6 月 26～30 日第 4、5 个外围果枝形成，7 月 1～5 日第 5、6 个外围果枝形成，7 月 6～15 日第 7、8 个外围果枝形成，7 月 16～25 日第 8、9 个外围果枝形成，7 月 26 日至 8 月 10 日第 10～12 个外围果枝形成。

适宜的果节量是高产、稳产品种选择的关键（以 18～20 个为宜），随着果节量的增加，成铃率会下降，因此，在品种选育时，应加强有效果节的选择。

五、蕾发育动态规律

新疆棉花蕾发育动态规律：一般 5 月 20～25 日开始现蕾，6 月 25 日左右进入盛蕾期，7 月初打顶后蕾数基本定型。现蕾初期蕾日增长量为 0.16～0.35 个，6 月 1～15 日蕾日增长量为 0.47～0.76 个，6 月 20～25 日蕾日增长量为 0.8～1.2 个。

六、花发育动态规律

新疆棉花最佳开花结铃期较短，一般在 7 月初至 7 月 25 日，有效开花结铃期在 6 月 20 日至 8 月，其中有效开花的终止时间南疆是 8 月 10 日左右、北疆是 8 月 5 日。需注意的是，在气温偏低的年份，北疆 7 月 25 日后、南疆 8 月初开花的棉铃已不能发育成熟。据此，栽培管理上务必使棉花集中在 6 月 20 日至 8 月初开花结铃。东疆棉花有效开花期较长，可延续到 8 月中旬。

七、铃发育动态规律

根据棉铃发育早晚不同，将构成棉花产量的棉桃分为伏前桃、伏桃和秋桃。伏前桃是指入伏前形成的棉铃（一般在 7 月 15 日前），伏桃是指入伏后、立秋前形成的棉铃（一般在 7 月 16 日至 8 月 8 日），秋桃是指立秋时（8 月 8 日）形成的棉铃。新疆棉花三桃比例一般控制在 2∶7∶1 或 1∶8∶1，以伏桃为主，力争多坐伏前桃和伏桃。

八、发育与高能同步期

高能同步期指棉株的盛蕾、盛花、盛铃期与季节温光高能期相重叠的时期。棉花发育努力实现"三高"同步，即棉叶高光效期与蕾花铃增长高峰期与光热资源高能富照期同步。从目前来看，新疆棉区的高能同步期主要是在 6 月中下旬至 8 月上旬。新疆棉花热量资源与棉花生育高能同步期相对较短是影响新疆棉区热量资源不能充分利用、制约产量提高的重要原因。采取促早栽培和集中成熟技术，使开花结铃期提早，集中现蕾、集中开花、集中成铃、集中吐絮，实现推进高能同步期是完全有可能的。

第二节　不同阶段生长发育指标及调控目标

一、不同阶段合理发育结构指标

（一）苗期

发育动态指标：4 月下旬至 5 月初达到苗齐苗匀苗壮，出苗率＞80％。棉花出苗至现蕾的时期为苗期，一般为 20 d 左右。

该时期管理调控目标：壮根、壮苗，协调好地上与地下关系，打好丰产基础。以化调和中耕等机械物理调控为主，以生长调节剂和叶面肥调控为辅，苗齐后及时做好定苗工作。诊断依据：主茎日增长量在 0.4～0.5 cm、叶龄日增长量大于 0.26 片、4～5 叶期宽高比 2.5～3.0、叶片鲜绿色或油绿色。苗期生长不宜过快，也不宜过慢，过快易形成高脚苗，过慢易造成小老苗、僵苗。

子叶至 1 叶期：子叶肥厚、微下垂、子叶节长＜5 cm、子叶宽 4 cm 左右、红茎比 0.6 左右。

2 叶期：二叶平，真叶与子叶大体在一个平面上，叶面平展、苗高 1 cm。

4～5 叶期：4 叶横，株宽＞株高，宽高比 2.5～3.0，棉株矮墩。叶片从上到下顺序为 4、3、2、1。株高 5 cm，主茎日增长量为 0.3～0.4 cm。

7～8 叶期：6 叶挺，株型上下窄，中间宽，株高 13～18 cm，主茎日增长量 1.0～1.4 cm。开始现蕾。

（二）蕾期

发育动态指标：株高 20～25 cm，棉杆粗壮，节间长 3～4 cm，6 月中下旬棉花开始开花，叶色深绿，叶面积指数 1～1.5，棉花大行不封行，小行有缝隙。该时期管理调控目标：协调好营养生长与生殖生长，搭好早架、基础架、稳架、丰产架。在化调、机械物理调控、叶面调控基础上，做好头水头肥管理，防治蕾期蚜虫、盲蝽蟓。诊断依据：棉株高宽比 1∶1，在 6 月底 7 月初，单株果枝数 7～9 台，蕾数 15～18 个，主茎日增长量 1.26 cm 左右，盛蕾期株高 40 cm 左右，开花时株高 50 cm 左右，主茎节间长 3～5 cm，叶龄日增长量大于 0.2。一般肥水前移至盛蕾期，但头水头肥宜轻。

（三）花铃期

发育动态指标：打顶后株高控制在 60～80 cm，果枝数 9～10 个，7 月上旬单株可见棉铃 2～3 个，7 月下旬单株结铃达到 3.5～4.0 个。该时期管理调控目标：协调开花、成铃进程，降低蕾铃脱落，综合运筹好水肥调控、化控、打顶等技术，塑造合理群体结构。诊断依据：开花进程合理，6 月下旬开始开花，7 月中旬花位中上部，8月初花上梢。花位不宜过慢或过快。7月上旬可见铃2个左右，7月下旬单株结铃数 3.5～4.0 个，伏前桃、伏桃、秋桃比例控制在 2：7：1。花铃发育与 6～8 月高能富照期同步，多结优质桃。群体最大叶面积指数 3～4，群体封行期推迟到 8 月上旬，棉花大行似封非封，有缝隙，群体稳健，田间通风透光好，病虫害少，脱落少。实现脚花压底、腰花满身、顶桃盖顶的管理目标。

(四) 中后期

发育动态指标：株高 60～90 cm，8 月上旬成铃 4～5 个，棉花大行保留缝隙，棉田通风透光好，棉田不早衰不旺长。田间土壤持水量保持在 70% 左右。该时期管理调控目标：做到群体通透性和叶功能好，吐絮进程合理。合理运筹好肥水和化学调控，特别是停水停肥和打顶后的化控管理。诊断依据：8～9 月的叶片不老相，叶色褪绿慢，群体光合下降平稳，保持正常叶功能，棉田不早衰也不贪青晚熟。花位进程快，吐絮早。8 月初花上梢，8 月上旬达到红花满田。8 月上旬保证有 5～7 个以上伏前桃和伏桃，8 月底棉田见絮。棉花群体结构逐渐回落，做到白天棉田冠层下部有光斑。

二、成铃结构调控目标

新疆棉花成铃结构调控原则：多结伏前桃、盛结伏桃、争结早秋桃，实现三桃齐结，带桃入伏，脚花（伏前桃）压低、腰花（伏桃）满身、秋桃盖顶。高密度下，亩产皮棉 100 kg 左右的中产棉田，单株平均结铃 5 个左右；亩产皮棉 120～150 kg 的中高产棉田，单株平均结铃 5～6 个；亩产皮棉 150～200 kg 的高产棉田，单株平均结铃 6～7 个。其中，中下部、内围铃是新疆棉花最基本的主要成铃部位。

三桃合理比例：伏前桃：伏桃：秋桃＝1：8：1 或 2：7：1。

棉铃合理空间分布：中下部果枝（1～7 台）成铃为主，占总成铃的 80% 左右，上部果枝成铃为辅，占总成铃的 20%。内围铃为主，占总成铃的 70%～80%，外围铃（第二、三果枝成铃）占总成铃的 20%～30%。新疆 8 月 10 日之前成铃 95%，第一果枝成铃 75％以上，第二、三果枝成铃 25％左右。第 1～6 果枝成铃 60％，第7～8果枝成铃 30％，第 9～12 果枝成铃 10％。

三、株高结构调控目标

新疆棉花栽培模式为"矮、密、早"栽培，株高较矮，总高度调控目标以 60～90 cm 为宜。其中，子叶节高度 4～5 cm，现蕾时株高 20 cm 左右，第一果枝至打顶高度 40～70 cm，节间平均长度 4～6 cm。1 叶期株高 5.0 cm、2 叶期株高 6.0～6.5 cm、3 叶期株高 7.5～8.0 cm、4 叶期株高 10.5～11.0 cm、5 叶期株高 14.5～15.0 cm、6 叶期株高 18.5～19.0 cm、7 叶期株高 25.0～26.0 cm、8 叶期株高 30～40 cm、9 叶期株高 45 cm 左右、10 叶期株高 50～55 cm、11 叶期株高 55～60 cm、12 叶期株高 65～70 cm、13 叶期株高 75～80 cm、14 叶期株高 80～90 cm。高于上述的株高结构，易引起生殖与营养、群体与个体的失调，造成群体质量差，蕾铃脱落严重形成"假、大、空"现象，或引起铃病发生严重，造成烂铃。

四、株型结构调控目标

株型对新疆棉花生产和产量形成具有特殊意义。新疆棉花种植密度高，株型塑造以紧凑为特点，果枝短，果节少，叶片中等大小，叶上举，叶倾角、果枝夹角小于 45 ℃为宜，赘芽少，具有较好的耐密性，整体株型塔形、筒形均可，以筒形为宜。果枝零式或Ⅰ～Ⅱ型，果节数 15～20 个，中下部果枝长度控制在 8～20 cm，上部果枝长度 15～30 cm。

五、群体结构调控目标

在棉花株型和高度结构调控基础上，群体结构调控目标以提高群体质量为目的，构建通风透光高光效的合理群体结构，协调群体与个体、库与源、地上与地下生长关系。阶段性群体叶面积指数调控目标：苗期 0.2～0.3、蕾期 0.5 左右、盛蕾期 0.5～1.0、花期

0.7～1.2、盛花期1.5～2.0、盛铃期2.0～3.0、铃期3.5～4.0、盛铃后期至絮期2.5～3.5。推迟封行时间，花蕾期棉花大行不封，小行有缝隙。花铃期棉花大行似封非封。关键推迟8月上旬盛铃期棉花封行时间，始终保持大行似封非封，有缝隙，群体稳健，田间通风透光好。

花蕾期棉田管理目标：株高20～25 cm，棉杆粗壮，节间长度3～4 cm，6月中下旬棉花开始开花，叶色深绿，叶面积系数1.0～1.5 cm²，棉花大行不封行，小行有缝隙。棉株过于矮小、小行不封行，或过于高大（30～40 cm）、小行完全封行等均要及时调控，促进早开花、降低花蕾脱落、多结伏前桃。

花铃期高产棉田群体结构：棉花开花到中上部，7月上旬已有可见棉铃2～3个，7月下旬单株结铃应达到3.5～4.0个，打顶后株高控制在60～70 cm。果枝数9～10个，棉花大行似封非封，有缝隙，群体稳健，田间通风透光好，病虫害少。

六、生殖结构调控目标

由于不同年份光温条件差异较大，新疆棉花生殖结构调控目标不同。棉花果枝数一般保障6～11台，单株果节数构建在15～20个较合理，单株有效蕾数平均25～45个，单株平均成铃5～8个。

第 九 章

新疆棉花节水灌溉

第一节 棉田灌溉

一、棉田需水量

棉田需水量是指单位面积的棉花从种到收一生中地面蒸发量与叶面蒸腾量的总和。棉田需水量受地下水位深、降水量、棉花产量与土壤持水量等因素影响，其中，以前 2 个因素最为密切。棉田地下水位高（经常保持在 1.5 m 以下）时，对棉花根系的补给量可达 100%，据此，地下水位高的棉田少浇水或不浇水；地下水位低（超过 4 m），补给量极少，利用率低，要保障供水。

二、新疆主要灌溉河流

新疆棉区分布在不同的河水流域，并依赖这些河流灌溉。主要河流有南疆的塔里木河、叶尔羌河、和田河，北疆的玛纳斯河、奎屯河、额尔齐斯河、博尔塔拉河、伊犁河。

三、新疆棉区灌溉特点

新疆气候干旱，降雨稀少，蒸发量大，是我国典型的绿洲灌溉农业区，因此新疆棉花需水主要靠人工灌溉。研究表明，由于气候条件不同，新疆三大棉区品种特性不同，棉花各发育时期日耗水量差异较大，南、北、东疆棉花全生育期适宜亩灌水量分别为：$300 \sim 350 \text{ m}^3$、$250 \sim 300 \text{ m}^3$ 和 $400 \sim 500 \text{ m}^3$。

四、新疆棉田灌溉原则

根据新疆棉花生长发育规律特点，滴灌棉田应遵循量少、多次、保持土壤湿润的原则。头水以少量为原则，随即紧跟二水，以后因地制宜，根据土壤、棉花和天气，合理确定滴灌周期。头水过早、过多，易打破营养与生殖生长关系，引起徒长、蕾少、蕾小，第一水过晚且水量不足，易造成丰产架子小，生产潜力低。花铃水务必保障及时、充足灌溉，否则会引起早衰、脱落、降低产量和品质。适时停水极为重要，停水过早，易引起早衰，停水过晚，易引起贪青晚熟、烂铃、吐絮不集中等。

五、不同时期棉花需水规律

棉花是较耐旱、怕涝的作物。棉花不同生育时期需水量不同，对土壤适宜含水量的要求也不同。棉花需水规律是指棉花不同生育阶段单位面积地面蒸发量与叶面蒸腾量之间的差异及其强度与绝对值变化的情况。棉花总体需水规律是：棉花生长发育期间，棉田土壤含水量宜保持在田间最大持水量的60%左右，应通过合理设计滴灌时间、滴灌量、滴灌周期，保证棉花正常生长发育，防止因旱或过湿减产。

（一）播种至苗期

棉花播种至出苗阶段，棉籽发芽出苗土壤田间持水量60%～70%为宜。过少，种子易落干，影响发芽出苗；过多，易造成烂种，影响全苗。据此，应进行冬春储水灌溉，或干播湿出滴水灌溉。

棉花苗期需水量少，损耗以地面蒸发为主。棉花苗期棉株小，生长慢，耗水量较少。适于棉苗生长的1 m土层田间持水量保持在55%～65%为宜。苗期土壤水分过少影响棉苗早发，过多棉苗扎根浅，遇不利气候易引发各种苗病。新疆棉区土壤底墒好的情况下，苗期一般不浇水，墩苗促根。

（二）蕾期

棉花现蕾后需水量倍增，仍以地面蒸发为主，为叶面蒸腾量的2倍左右。棉花蕾期棉株生长速度加大，耗水量也不断增加。蕾期土壤田间持水量保持在60%～70%为宜，过少抑制发棵，过多延迟现蕾，引起棉株徒长。

（三）花铃期

棉花花铃期需水达高峰，阶段需水量占总需水量的一半以上，水分耗损以叶面蒸腾为主。棉花花铃期生长旺盛，温度高，耗水量更多，土壤水分以田间持水量的 70%～80% 为宜，过少会引起蕾铃脱落、早衰，过多棉株徒长、群体过大，通风透光差低于 60% 时急需灌溉。

(四) 后期

生长后期棉株需水骤降，仍以叶面蒸腾为主，需水强度与蕾期相近似。棉花吐絮后，棉株生长衰退，温度较低，耗水量又减少。土壤水分以田间持水量的 55%～60% 为宜，利于秋桃发育、增加铃重、促进早熟、防止烂铃。若土壤含水量过高，则易引发贪青晚熟。

六、不同时期棉花灌溉

在棉花种植中，水是关键环境因子之一。根据棉花需水规律，科学灌溉对合理调控棉花生长发育极为重要。棉花灌溉贯穿棉花播种前和棉花生长发育的各个时期，了解掌握从出苗至成熟期间进行灌溉的时间、次数及灌溉定额，对调控棉花生长极为重要。

1. 储水灌溉 新疆春雨少，春季蒸发量大，为保证棉花播种出苗和苗期水分需求，需要在冬季或者早春进行储水灌溉。棉田冬灌可在秋耕后开始，土壤封冻前结束，以夜冻昼消最为理想。灌水定额 1 200～1 500 m^3/hm^2。冬灌最好结合深耕、施基肥进行。若冬季水源不足或来不及冬灌，应在早春进行春灌。春灌一般在播种前一个月进行，灌水定额一般为 1 200～1 500 m^3/hm^2。在新疆，储水灌溉不仅可满足播种、出苗和苗期水分需求，对土壤盐分也具有较好的淋洗作用，灌溉后结合耕作，可减少土表蒸发、减低耕作层积盐。

2. 出苗滴水灌溉 也称干播湿出灌溉，即对于没有条件冬灌和春灌的棉田，可利用滴灌条件，在棉花播种后对播种层进行少量滴水灌溉，保证出苗，一般亩滴水量 15 m^3 左右。由于是在干旱土壤、以保证出苗为目的的灌溉，因此也称出苗水或干播湿出灌溉。

3. 苗期灌溉 苗期棉花以蹲苗为主，一般不需要灌水。蹲苗可促使根深苗壮，控制茎叶徒长，提高抗旱能力，打好丰产基础。

但对于土壤墒情差、棉花生长量严重不足、僵苗不发的棉田在苗期可视具体情况进行灌溉，以实现提苗、促早发。

4. 头水灌溉 在新疆，头水灌溉极为重要，适时、适量灌好头水对实现棉花高产尤为关键。头水以少为原则，保证稳长、增蕾，一般在蕾期见花浇头水，时间为 6 月中下旬，根据棉田土壤持水量，土壤含水量低、有旱象的棉田，头水灌溉时间可提前到 6 月中上旬，而土壤含水量高、棉花长势旺、叶色鲜嫩、蕾少蕾小的棉田，头水灌溉时间可推迟到 6 月底，每亩灌水量 20 m³ 左右。

5. 花铃期灌溉 花铃期是棉花需水高峰期，需水量和灌溉频次增加。花铃期一般滴灌 6～8 次，具体按照土壤、气候、土壤持水量（70%～80%为宜，小于 60%需灌溉）、地下水位、当年降雨量等情况而定，时间间隔 5～10 d 灌溉一次，7 月中下旬至 8 月中旬灌水量要大，该时期亩灌溉定额 210 m³ 左右。

6. 停水灌溉 停水期对新疆棉花后期生长、提高铃重和霜前花占比等尤为重要。停水期一般在 8 月中下旬或 9 月初，停水不宜过早，也不宜过晚。停水过早易引起早衰、干铃、脱落；停水过晚，易引起贪青晚熟，停水灌溉量每亩一般 20 m³ 左右。

第二节　灌溉方式

一、新疆棉花灌溉方式与节水灌溉

水是新疆农业发展主要限制因子之一，节水灌溉对于干旱缺水区的棉花生产具有重要意义。随着科技进步，棉花灌溉方式经历了地面灌、沟灌、膜上灌、膜下滴灌和喷灌等。沟灌技术是在棉花灌头水前揭膜洼灌或开沟灌，较大水漫灌效果明显。膜上灌技术通过放苗孔和膜侧旁渗透灌溉，可获得相对高的灌水均匀度。膜下滴灌技术将滴灌节水与农艺覆膜节水相结合，具有节水、节肥、节地、省工、省机力、提高劳动生产率及增产增效等诸多优点，同时具有防治土壤次生盐渍化、扩大绿洲面积、改善生态环境等多种功能。

为保障灌溉、节约水资源，膜下滴灌已成为新疆棉花主要灌溉方式。

节水灌溉技术优点：①节水。较常规地面灌溉节水 40%～50%。②省肥。平均省肥 20%，有的可达 40% 以上，还可以减轻化肥对土壤、环境的负面影响。③减药。农药的利用率高，可减少 10% 以上。④节约土地。可省 5% 左右。⑤节省人工和机力。滴灌可成倍提高工效，原来每人管理 30 亩地左右，现在可管理 60～120 亩。⑥抗盐能力强。滴灌水流可使作物根系周围形成低盐区，有利于幼苗成活及作物生长，中度盐碱地还能获得较高的产量，对盐碱地的改良具有重要意义。⑦综合效益好。水分利用率可达 95%。

二、滴灌技术

滴灌技术是以滴灌设施为核心技术，配以合理滴灌量、滴灌次数、滴灌周期的灌溉技术体系。核心技术是利用低压管道系统，使滴灌水成点滴、缓慢、均匀而又定量地浸润作物根系最发达的区域，使作物主要根系活动区的土壤始终保持在最优含水状态。滴灌不同于其他任何一项灌溉技术的关键在于仅灌溉湿润局部土壤面积，可起到节水增效作用。滴灌包括地埋式滴灌和膜下滴灌，主要以膜下滴灌为主。

三、棉花滴灌相关技术参数

滴灌带直径 16 cm、壁厚 0.2 mm、地头流量 1～3.5 L/h、滴头间距 10、20、30、40 cm 不等，滴灌长度与滴灌头间距有关，间距越大，滴灌长度越长，60～80 m 不等。一个滴灌区一般为 1.33～2 hm²（20～30 亩）、滴灌带用量 7 500～12 000 m/hm²，滴灌带成本因规格不同而不同，为 0.12～1.50 元/m，国产价低于以色列价，随着技术的成熟，成本价呈现逐渐下降趋势，滴灌毛管成本从原来的 12 000 元/hm² 逐渐降低到目前的 3 000 元/hm² 左右，年费用根据折旧年限而不同，一般为 2 400～2 550 元/hm² 不等。

四、膜下滴灌技术

滴灌是节水灌溉方式之一，对新疆干旱区节水灌溉发展具有重要的意义。膜下滴灌是新疆滴灌的重要方式，是将滴灌节水与农艺覆膜节水相结合的节水技术。滴灌技术体系涉及滴灌技术（膜下、地下滴灌等）、滴灌设施、配套技术等多方面。新疆滴灌研究始于20世纪90年代初，于1999年开始在兵团大面积推广，2001年迅速推广到近13.33万 hm^2，显示了滴灌技术的重要作用及前景。

棉花膜下滴灌制度以少量、多次、浅浇、勤浇、密集浇为原则。北疆滴水出苗棉田，为了保障蹲苗，苗期滴灌周期为15 d左右。南疆蕾期滴灌周期为10 d左右，花铃期滴灌周期7～10 d，全生育滴灌8～12次，滴灌定额为3 945～5 475 m^3/hm^2（表9.1）。

表9.1　膜下滴灌棉花灌溉制度

生育阶段	苗期	蕾期	花铃期	吐絮期
灌水定额（m^3/hm^2）	226～297	396～520	519～680	451～727
灌水周期（d）	10.0～13.0	8.5～9.4	6.4～7.2	21.0～23.0

滴灌技术较常规灌溉技术节水、省肥、省力。较常规灌溉技术可节水40%～50%，水产比可由原来的0.2～0.7 kg 籽棉/m^3，提高到1.0～1.5 kg 籽棉/m^3。节肥30%以上，肥产比可提高35%左右，减少棉田开沟追肥和水后中耕等作业程序，可大大降低成本，提高产量和植棉效益。另外减少了农区、毛渠等灌溉渠道，提高了土地利用率，新疆已成为我国滴灌面积最大的省区，滴灌以其节水省肥等优点成为新疆棉花灌溉的主要方式。

第 十 章

新疆棉花施肥

第一节　新疆土壤养分状况

一、土壤养分含量基本标准

高产棉田要求土壤有机质含量标准一般在 1% 以上；全氮含量在 0.1%～0.3%，速效氮 80 mg/kg；可溶性有效磷（P_2O_5）含量 20～30 mg/kg；全钾含量一般不能低于 2%。如果沙土中速效钾（K_2O）少于 85 mg/kg，沙壤土中少于 100 mg/kg，粉沙土和黏土中少于 125 mg/kg，即为缺钾。

二、新疆农田土壤养分状况

随着施肥与利用，新疆农田土壤养分在不断发生变化。据各种资料统计，与以前相比，新疆农田有机质总体变化小；土壤全氮量大部分下降，土壤碱解氮含量总体趋于提高；土壤有效磷含量总体有较大的增加；土壤速效钾总体表现为较大幅度下降的趋势。

1. 土壤有机质含量　新疆土壤有机质含量低，总体属于低水平，土壤有机质含量的分布呈现南低北高趋势，需注意增施有机肥，培肥地力。全国耕地土壤有机质含量六级分级标准为：>40 g/kg 为一级，30～40 g/kg 为二级，20～30 g/kg 为三级，10～20 g/kg 为四级，6～10 g/kg 为五级，<6 g/kg 为六级。根据这一标准，新疆棉区土壤有机质含量在四级和五级之间，有机质含量属于中低水平。

2. 土壤氮、磷、钾含量　新疆土壤全氮属低水平，碱解氮为中等水平，绝大部分小于 60 mg/kg，处于缺乏的范围，应科学增施氮肥。

新疆棉区土壤全磷量总体比较丰富，但有效磷含量大多数处于中等偏下水平。新疆土壤有效磷普遍达到中等水平。

新疆棉区全钾含量一般在 11.8～20.58 mg/kg，最高叫达 30 mg/kg。新疆大部分耕地土壤有效钾含量在 150 mg/kg 以上，属于高水平范围，也有少数土壤有效钾含量在中等或低水平范围，加之随着产量的不断提高，从土壤中带走的钾素会越来越多，势必造成土壤钾素亏损，因此，要注意棉田合理补施钾肥。新疆土壤速效钾含量南、北疆差异较大，北疆较高，南疆属中低水平，因此，在合理施用氮、磷肥的基础上，南疆应该重视钾肥的施用。根据全国第二次土壤普查资料，兵团垦区土壤的全钾含量平均为 21.9 mg/kg，速效钾含量平均为 319 mg/kg，属于富钾地区，建议兵团垦区土壤施钾量（K_2O）以 45～75 kg/hm^2 为宜。

3. 土壤微量元素含量　新疆棉区土壤主要微量元素含量总体偏少，应重视微量元素肥料的施用。

新疆棉区土壤有效铁含量变幅在 1.07～106.41 mg/kg，平均含量 11.21 mg/kg，有效铁含量水平为中等。

新疆棉区土壤有效锌含量变幅在 0.16～6.19 mg/kg，平均为 0.71 mg/kg。土壤有效锌含量普遍偏低，在南北疆棉区施用锌肥具有良好的增产效果。

新疆棉区土壤有效锰含量变幅在 0.57～70.84 mg/kg，平均为 8.53 mg/kg。土壤有效锰含量虽然较高，但由于新疆土壤对锰的吸附性强，施用锰肥仍然有效。

新疆棉区土壤有效铜含量变幅在 0.21～16.10 mg/kg，平均为 1.81 mg/kg，有效铜含量水平为中上等。

新疆棉区土壤有效硼含量变幅在 0.22～66.00 mg/kg，平均为 2.56 mg/kg，总体缺硼。

三、提高棉田有机质含量的措施

有机质含量是评价土壤肥力的一个重要指标。通常根据土壤有机质含量的高低可把棉田土壤肥力划分成 4 个等级：有机质含量 1.5% 以上为高肥力水平，1.0%～1.5% 为中等肥力水平，0.5%～1.0% 为一般肥力水平，0.5% 以下为低肥力水平。提高土壤有机质含量 3 项主要措施：一是增施有机肥；二是实行秸秆还田；三是种植苜蓿和绿肥，不断更新和提高土壤有机质含量。

第二节 需肥规律及特点

基于棉花生长具有无限生长、生长发育时间长、具有营养与生殖生长并进的特性，使得棉花施肥务必做到施肥次数合理、数量适宜、营养平衡、时间准确，才能协调棉花对营养需要的特点。

棉花生长所需要的营养元素约 16 种，且不同生长发育时期，对各种营养元素的需求不同（表 10.1）。一般苗期需肥量少，占总需肥量的 10%～15%。蕾期需肥量倍增，占总需肥量的 20%～30%。花铃期需肥量达到最高峰，对氮、磷、钾养分积累占一生总需肥量的 60% 以上。花铃后期需肥量与苗期相同，占总需肥量的 10%。因此，在高产田，务必严格控制基肥、苗期和蕾期施肥量，否则造成苗期、蕾期棉花生长过快，群体高度和叶面积过大，对构建高光效的棉花群体结构极为不利。

表 10.1 棉花各生育期吸收氮磷钾的比例

生育时期	N（%）	P_2O_5（%）	K_2O（%）
苗期	10.92	6.80	9.28
蕾期	32.98	26.00	28.86
花铃期	44.27	46.64	44.42
吐絮期	11.83	20.55	17.44

新疆高产棉田氮的积累一般在盛花—盛铃期达到高峰，对钾的积累一般在盛蕾—盛花期达到吸收积累高峰，在需肥高峰期前应施足肥料，满足植株不同生育期的养分需求。棉花需肥，有些可通过土壤、水和空气供给来满足棉花生长需要，有些必须通过施肥才能

满足棉花生长的需求。

第三节　施肥原则及方法

一、棉花施肥的原则

肥料是棉花生长发育的物质基础，是直接影响棉花产量、品质、效益的关键因素。

根据棉花需肥规律，棉田施肥总体应遵循"基肥足、苗肥轻、蕾肥稳、花铃肥重、桃肥补、'三看'、有机肥与无机肥相结合"的原则。即施足基肥，轻施苗肥，稳施蕾肥，重施花铃肥，补施盖顶肥。并强调看天、看地、看棉花，中心是看棉花长势。具体棉花施肥种类和数量要因地制宜，平衡配方施肥。

足量深施基肥（饼肥＋化肥），为棉花全程稳健生长提供保障；前期轻施，为壮苗、慢长、稳长提供保障；中期重施花铃肥，为多结伏桃提供保障；后期补施，为铃大、质优、防早衰提供保障。

二、棉花施肥方法

棉花施肥方法有基施、追施和根外施。追肥又分滴灌施和沟施。根据棉花不同的发育时期、施肥种类、施肥数量进行追肥。

1. 基肥　基肥一般在秋翻、春耕时施入，并以施足为原则，即足量深施基肥（饼肥＋化肥），为棉花全程稳健生长、高产优质提供保障。基肥施入不足的棉田，很容易出现脱肥现象。对于肥力低的棉田增施有机肥 $45 \sim 75 \ m^3/hm^2$ 或饼肥 $1\,125 \sim 1\,500 \ kg/hm^2$，深施氮肥 $225 \sim 450 \ kg/hm^2$、三料磷肥或磷酸二铵 $300 \sim 375 \ kg/hm^2$，硫酸钾 $75 \sim 150 \ kg/hm^2$。

2. 苗肥　苗期施肥量要少，力争平稳早发。对基肥用量少、地力薄、僵苗弱苗比例大的棉田，可利用尿素、磷酸二氢钾、喷施宝等水溶液进行叶面喷施。

3. 蕾肥　不同类型的棉田在蕾期的调控措施不同。视棉花长势长相，追施尿素 $75\sim150$ kg/hm^2，也可追施磷酸二铵 $150\sim225$ kg/hm^2 或碳酸氢铵 $225\sim300$ kg/hm^2 或过磷酸钙 225 kg/hm^2 左右，硫酸钾 $75\sim150$ kg/hm^2。滴灌棉田每次追施尿素 $75\sim150$ kg/hm^2。对于低产、长势慢而弱的棉田，追施尿素 $225\sim300$ kg/hm^2，以促进棉花生长，搭好丰产架子。对于旺长肥力高的棉田，应适当降低施肥量。做到蕾期施肥到花期使用，保证棉花稳健生长。

4. 花铃肥　花铃肥应重施，以速效氮肥尿素为主。做到氮、磷、钾肥齐施。花铃期棉田易出现早衰现象，应根据早衰类型，补施叶面肥。

5. 盖顶肥　中后期不能过早停肥，一般需注意补施盖顶肥，根据棉花长势，以叶面喷施为主，用 0.3% 磷酸二氢钾和 1% 尿素混合液，叶面喷施，连喷 $2\sim3$ 次，每次间隔 $7\sim10$ d，即可起到增铃重、提高衣分和品质的效果，又可防止早衰。

6. 叶面肥　棉花叶面肥（又叫根外肥），属辅助性追肥，其特点是成本低、见效快、方法简便。叶面肥的主要作用：促使弱苗转化；促使病苗恢复生机；防止棉株早衰。生长发育较晚的棉花或早衰棉花可喷 1% 的尿素水溶液，旺长棉花为了防止蕾铃脱落可用磷酸二氢钾水溶液。磷酸二氢钾溶液呈弱酸性反应，故可与多菌灵、有机磷农药混用，还可提高药剂溶解度，有利于发挥药效。若施用其他肥料应查清肥料性质，不能盲目与农药混用。

7. 氮磷钾肥施用　氮肥基肥占施肥总量 25% 左右，追肥占75% 左右（现蕾期 15%，开花期 20%，花铃期 30%，棉铃膨大期10%），磷肥、钾肥基肥占 50% 左右，其他作追肥。全生育期追肥次数 8 次左右，前期氮多磷少，中后期磷多氮少，结合滴灌系统实行灌溉施肥。提倡选用全水溶性肥料作追肥，若选用磷酸一铵等作追肥需配合 1.5 倍以上尿素。

第四节　新疆棉田施肥推荐量

一、不同产量棉田施肥量

棉花产皮棉 $1\,050\sim1\,500$ kg/hm^2 的施肥配方：以土壤 $0\sim30$ cm 耕层有机质含量 1‰ 以上、全氮 0.07% 以上、全磷 0.15% 以上的棉田肥力为基础，施肥的定量指标是：有机农家肥 $30\sim60$ t/hm^2、碳酸氢铵 $225\sim375$ kg/hm^2、过磷酸钙 $750\sim1\,125$ kg/hm^2、硫酸钾 $150\sim225$ kg/hm^2 作底肥。氮、磷、钾有效成分投入比大体是 1∶0.8∶0.6（如用磷酸二铵或三元复合肥可按有效成分计算施用量）。生长期追肥 2 次，尿素用量 225 kg/hm^2，花铃期占三分之二。还可按土壤有效磷、速效钾的含量划分不同养分类型，确定施肥量。磷、钾潜在含量低的棉田，氮肥按正常量施入，磷、钾极度欠缺的棉田，过磷酸钙的施用量不低于 975 kg/hm^2，钾肥不低于 585 kg/hm^2。

以南疆棉区为例。产皮棉 $1\,425\sim1\,500$ kg/hm^2，吸收氮（N）、磷（P_2O_5）、钾（K_2O）的量分别为 184.95、50.85、176.70 kg/hm^2，N∶P_2O_5∶K_2O 为 1∶0.27∶0.96。

产皮棉 $1\,875\sim2\,250$ kg/hm^2，吸收氮（N）$270\sim330$ kg/hm^2，折合尿素 $600\sim720$ kg/hm^2；磷（P_2O_5）$135.0\sim172.5$ kg/hm^2，折合三料磷肥或磷酸二铵 $300\sim375$ kg/hm^2；钾（K_2O）37.5 kg/hm^2，折合硫酸钾 75.0 kg/hm^2。

产皮棉 $2\,175\sim2\,250$ kg/hm^2，吸收氮（N）、磷（P_2O_5）、钾（K_2O）分别为 216.3、55.1、195.0 kg/hm^2，N∶P_2O_5∶K_2O 为 1∶0.25∶0.90。

产皮棉 $2\,850\sim2\,925$ kg/hm^2，吸收氮（N）、磷（P_2O_5）、钾

（K_2O）分别为 264.75、71.55、257.85 kg/hm^2，$N：P_2O_5：K_2O$
为 1：0.27：0.97。

二、新疆棉花 N、P、K 推荐用量

据有关资料统计，新疆棉田 N、P、K 推荐用量如下。

氮肥（纯 N）推荐用量在 159～333 kg/hm^2，4 个主要棉区中，
和田平均为 281 kg/hm^2、阿克苏为 224 kg/hm^2、喀什为 220 kg/hm^2、
石河子为 189 kg/hm^2，相对应的平均产量：和田为 1 601 kg/hm^2、
阿克苏为 2 037 kg/hm^2、喀什为 1 976 kg/hm^2、石河子为
1 690 kg/hm^2。

磷肥（P_2O_5）推荐用量在 95～199 kg/hm^2，4 个主要棉区中，和
田平均为 136 kg/hm^2、阿克苏为 143 kg/hm^2、喀什为 127 kg/hm^2、
石河子为 160 kg/hm^2，相对应的平均产量：和田为 1 667 kg/hm^2、
阿克苏为 2 063 kg/hm^2、喀什为 1 790 kg/hm^2、石河子
为1 811 kg/hm^2。

钾肥（K_2O）推荐用量在 59～115 kg/hm^2，4 个主要棉区中，和
田平均为 96.5 kg/hm^2、阿克苏为 76 kg/hm^2、喀什为 63 kg/hm^2、
石河子为 105 kg/hm^2，相对应的平均产量：和田为 1 683 kg/hm^2、
阿克苏为 2 115 kg/hm^2、喀什为 1 794 kg/hm^2、石河子
为1 917 kg/hm^2。

常用肥料三要素含量见表 10.2。

三、新疆棉花微量元素推荐用量

按棉田土壤主要养分分级标准，新疆棉田土壤有效锌、锰、
硼含量在中等水平及以下，棉花目标产量水平在 1 350 kg/hm^2 皮
棉以上，均应推荐相应的微量元素肥料，适宜的施用量为：硫酸
锌15.0～30.0 kg/hm^2、硫酸锰 15.0～22.5 kg/hm^2、硼砂 7.5～
15.0 kg/hm^2。微量元素肥料的种类和施用方法见表 10.3。

表 10.2　常用肥料三要素含量表

类别	名称	状态	性质	氮 (N,%)	磷 (P₂O₅,%)	钾 (K₂O,%)
化肥	尿素	颗粒	肥效较慢，中性	46.0		
	碳酸氢铵	颗粒	速效，微碱性	18.0		
	硝酸铵	颗粒	有吸湿性和爆炸性	34.0		
	硫铵	白色结晶	酸性，有腐蚀性	20.8		
	过磷酸钙	暗灰色粉末	酸性，有吸湿性		12~18	
	钙镁磷肥	灰色粉末	肥效较慢，碱性		14~19	
	磷酸二铵	深灰色颗粒	速效碱性	18.0	46.0	
	硫酸钾	白色结晶	生理酸性			50.0~52.0
	氯化钾	白色结晶	生理酸性			60.0
	磷酸二氢钾	白色结晶	酸性，吸湿性小		50.0~52.2	30.0~34.5
农家肥	人粪	鲜	速效，微碱性	1.04	0.50	0.37
	人粪	干	速效，微碱性	9.12	3.16	2.98
	人尿	鲜	速效，微碱性	0.50	0.13	0.19
	猪粪	鲜	速效，微碱性	0.60	0.45	0.50
	猪粪	干	速效，微碱性	3.00	2.25	2.50

（续）

类别	名称	状态	性质	氮 (N,%)	磷 (P₂O₅,%)	钾 (K₂O,%)
农家肥	马粪	鲜	迟效，微碱性	0.50	0.35	0.30
		干	迟效，微碱性	2.08	1.45	1.25
	牛粪	鲜	迟效，微碱性	0.30	0.25	0.16
		干	迟效，微碱性	1.87	1.56	0.62
	羊粪	鲜	迟效，微碱性	0.75	0.60	0.30
		干	迟效，微碱性	1.78	1.42	0.71
	鸡粪	鲜	肥效快，碱性	1.63	1.54	0.85
	鸭粪	鲜	肥效快，碱性	1.10	1.40	0.62
	土厩肥	干	迟效	0.15	0.30	1.50
	土粪	干	迟效	0.12~0.94	0.14~0.60	0.30~1.84
	堆肥	干	迟效	0.40	0.18	0.45
	坑土	风干	速效	0.24	0.21	0.97
	墙土	风干	速效	0.19	0.45	0.81

（续）

类别	项目 名称	状态	性质	氮 (N,%)	磷 (P₂O₅,%)	钾 (K₂O,%)
	垃圾	风干	迟效	0.29	0.23	0.48
	木灰	干	速效、碱性		3.90	11.79
	草灰	干	速效、碱性		2.10	4.50
	大豆饼	干	肥效较快	7.00	1.32	2.13
	花生饼	干	肥效较快	6.32	1.17	1.34
	芝麻饼	干	肥效较快	5.80	3.00	1.30
	蓖麻饼	干	肥效较快	5.00	2.00	1.90
	菜籽饼	干	肥效一般	4.60	2.48	1.40
	棉籽饼	干	肥效一般	3.41	1.63	0.97
农家肥	棉秆	干	迟效	0.97	0.27	1.74
	油菜秆	干	迟效	0.56	0.25	1.13
	玉米秆	干	迟效	0.61	0.27	2.28
	小麦秆	干	迟效	0.48	0.11	0.62

表 10.3 微量元素肥料的种类和施用方法

种类	肥料名称	养分含量(%)	缺素特征	施用方法	增产效果
硼肥(B)	硼酸	17.5	棉株缺硼，叶色暗绿、叶形变小，缩，植株矮化，中部果枝叶柄上有浸润环状带凸起，花蕾脱落，苹果发生"缩果病"等	可作基肥、种肥、种子处理和叶面喷施，喷施浓度为0.07%	棉花可增产70%以上；油菜增产51.1%，小麦增产14.6%。马铃薯、黄瓜、番茄、苹果等施用后增产显著
	硼砂	11.3			
	硼镁肥	1.5			
锌肥(Zn)	硫酸锌	24	缺锌植株叶片失绿变小或簇状，呈莲座状"白芽病"；果树或丛枝状，玉米苗期出现顶端出现"小叶病"	一般用作拌种、浸种或叶面喷施（0.10%），亦可作基肥或追肥	玉米可增产8%～71%，棉花增产6.9%以上
	氧化锌	80			
	氯化锌	48			
锰肥(Mn)	硫酸锰	26～28	病症从新叶开始，叶肉失绿或坏死，而叶脉仍为绿色	叶面喷施、拌种或浸种，浓度为0.01%～0.10%	小麦可增产7%～15%，棉花增产15%～22%，花生增产25%
	氯化锰	19			

（续）

种类	肥料名称	养分含量（%）	缺素特征	施用方法	增产效果
钼肥（Mo）	钼酸铵	26～28	植株矮小，生长不良，叶脉间缺绿或叶片扭曲，小麦失绿，番茄叶缘向上卷曲	浸种、拌种或叶面喷施，喷施浓度为0.01%～0.10%	花生可增产13.7%～14.2%，大豆增产17.1%～19.5%，小麦增产8.8%
	钼酸钠	19			
铁肥（Fe）	硫酸亚铁	19	幼叶叶脉间先失绿，叶脉保持绿色，老叶为白色，以后完全失绿	叶面喷施，浓度为0.8%～1.0%	苹果、菠菜、番茄、黑豆等反应敏感
	硫酸亚铁铵	14			
铜肥（Cu）	硫酸铜	25.5	果树顶梢枯死，谷类穗发育不全，叶子尖端变白，洋葱鳞片变薄	作基肥或叶面喷施（浓度为0.02%～0.04%）	小麦、洋葱、菠菜、胡萝卜等反应敏感

第五节　棉花施肥存在的问题及缺素症状

一、施肥存在问题

目前，棉花施肥方法存在肥料用量过大、使用方法不妥、肥料利用率低、施肥工序复杂等问题。我国化肥的利用率低，氮肥、磷肥和钾肥的当季利用率分别为 $30\%\sim50\%$、$10\%\sim20\%$ 和 $35\%\sim50\%$，其中，氮肥的损失尤其严重。造成化肥利用率低的因素很多，主要原因是施用量及其配比不合理、施肥方法不当。因此，棉田肥料施用不平衡、养分比例失调、盲目施肥等现象时常发生，导致施肥效益下降，大量氮、磷流失造成农业面源污染加剧，部分地区水体富营养化进程加快，生态环境恶化。近几年，人们在施肥上出现重施无机肥，轻施有机肥；重施氮肥，轻施磷、钾肥。这种倾向使部分棉田肥力下降，氮、磷比例失调，土壤结构不良。

目前，新疆棉花膜下滴灌面积不断扩大，在这种节水灌溉条件下，注意不要因滴灌使肥料利用率提高而过多地减少肥料施用量，尤其是高产田，以防后期早衰，导致减产。

二、棉花缺素症状

1. 缺氮　棉花生长缓慢，植株矮小，果枝数和果节数少，果枝短，脱落多，叶片黄化，叶色淡黄色，局部有黄红色斑块，最终形成褐色。严重缺氮时，下部老叶发黄变褐，最后干枯脱落，导致成铃数少，铃重轻，产量低。在幼苗期和花铃期易表现缺氮。

2. 缺磷　缺磷使棉株体内氮素的代谢受到阻碍，如果在氮素供应不足时，过多施用磷肥，将会缩短营养生长期，棉花成熟过程加速，降低籽棉产量。棉花缺磷，叶色暗绿带黄，并有紫色斑点，株高矮小，叶片较小，根系生长量降低，蕾、铃易脱落，成铃少。结铃和成熟均延迟，棉花幼苗 $2\sim3$ 片真叶前后对磷素表现敏感，缺磷易发生于出苗后 10～25 d 和花铃期。

3. 缺钾　缺钾症状主要表现在叶片上，且不同发育时期缺钾症状不同。在苗期或蕾期，通常是中、上部叶片的叶尖、叶边缘发黄，逐渐向内发展，叶片叶脉间叶肉失绿，进而转为淡黄色，但叶脉仍正常。之后在叶脉处将出现棕色斑点，斑点中心部位死亡，叶尖和边缘焦枯，向下卷曲呈鸡爪形，最后整个叶片变成棕红色，过早干枯脱落，生长显著延迟，棉桃瘦小，吐絮不畅，产量低，纤维品质差。花铃期缺钾棉株中上部叶片变白、变黄、变褐，继而呈现褐色、红色、橘红色坏死斑块，并逐渐发展到全叶片，通常称之为红叶茎枯病、凋枯病。

4. 缺钙　缺钙棉株顶芽幼嫩部位首先生长受阻，节间缩短，植株矮小，有的叶片开始卷曲，根系发育不良，根少色褐，茎和根尖的分生组织受到损坏，严重时腐烂死亡，幼苗卷曲叶柄皱缩，叶缘发黄坏死。

5. 缺镁　棉花缺镁，因为镁在棉株中可移动，缺镁首先影响到老叶，下部老叶叶脉间失绿，严重时，叶片呈紫红色，以至于过早衰老脱落，而叶脉保持绿色，网状脉纹十分清晰，并有紫红色斑块甚至全叶变红。

6. 缺硫　棉株缺硫时顶端叶子发黄，叶脉和下部老叶仍保持绿色。

7. 缺硼　棉花缺硼会出现"叶柄环带"。"叶柄坏带"率可作为田间缺硼诊断指标，如果发现棉株主茎上 100 个叶柄有 8 个以上出现了环带，即棉株主茎环带率大于 8% 为棉田严重缺硼，应重视硼肥的施用。"蕾而不花"也是棉花严重缺硼的重要症状，即只现蕾，不开花，蕾铃脱落增加，成铃少，造成严重减产。施用硼肥后棉花产量会大幅度提高。缺硼的典型症状：出苗后子叶小，植株矮化。在真叶出现之前，子叶肥大加厚，顶芽似蓟马危害症状，真叶出现后，叶片特小，出现速度加快。

8. 缺锌　从第一片真叶开始出现症状，叶片小，叶脉间失绿，致叶片组织坏死，缺绿部分变为青铜色，叶边缘向上蜷曲，节间缩短，植株呈丛生状，生育期推迟，产量低。开花后缺锌，蕾花脱落。

9. 缺锰　棉株缺锰表现为节间变短，植株矮化，顶芽可能最后死亡。

10. 缺铁　新叶表现为叶脉间失绿，每一片叶均比下一片叶稍微变黄，叶脉仍保持绿色，并与失绿部分有显著的差异，失绿部分为黄白色，最后叶缘向上卷曲，但不呈杯状。

11. 缺钼　开始叶脉间失绿，随后发展到脉间加厚，叶片表面油滑，叶片呈杯状，最后边缘发生灰白色或灰色的坏死斑点，棉铃不正常，类似于田间的"硬铃"。

三、新疆棉田缺肥规律

新疆棉区相对缺氮、缺锌。产量较高的新疆棉区纯氮易控制在 300 kg/hm² 以内。缺磷或缺钾的棉田，一般施磷素（P_2O_5）或钾素（K_2O）75～150 kg/hm²。缺锌的棉田，硫酸锌用量为 15～60 kg/hm²。缺硼棉田，硼砂用量为 15～30 kg/hm²。轻微缺微量元素的棉田，可采取叶面追肥，施用浓度：硼砂 0.05%～0.2%，硫酸锰 0.05%～0.2%，硫酸铜 0.05%～0.2%，硫酸锌 0.1%～0.2%，硫酸亚铁 0.05%～0.1%。从蕾期开始，每隔 7～10 d 喷一次，共喷 2～3 次。

第十一章

新疆棉花化学调控

一、化控在新疆棉花生产中的应用

化学调控就是在棉花生长发育过程中，运用植物生长调节剂系统定向诱导棉花生育进程及培育理想株型的动态发展，提高棉花产量和品质的一项技术措施。自 20 世纪 80 年代初，化学调控技术在新疆南北疆棉区开始推广应用，现已成为新疆棉花种植管理中必不可少的技术措施。并由 20 世纪 80 年代的"应症化控"已发展成今天的"系统化控"。

二、化控的作用

化控从 20 世纪 50 年代的调控蕾铃脱落，到调控植株徒长，到调控棉铃晚熟，目前已能调控棉花所有器官的生长、发育、形态结构和生理变化，实现棉花器官功能更强，群体个体结构更优，棉花生长发育的田间气候环境更佳，营养与生殖、地上与地下生长更协调，棉花生长发育进程与光热高能期更同步，更便于机采和化学封顶操作，更有利于高产优质的形成。具体作用实现在：促进早发、防止旺长，塑造理想棉花株型、合理棉花叶面积指数（LAI）、增加干物质积累、促进生根、合理分配干物质及产量，延缓衰老、加快棉株生长中心的及时转移、提高同化物利用率、优化成铃结构、降低蕾铃脱落，从而提高产量、改善纤维品质。因此，适时、适量、全程化控，已成为新疆棉花构建合理株型、群体结构，促进早熟、高产的技术保证。

三、化控基本原则

棉花化控以全程化控、少量多次、分期化控、前轻后重、早控为宜，化控与水溶肥相结合，依天依地依棉化控为基本原则。

四、常用生长调节剂

根据功效，棉花植物生长调节剂有抗逆、生根、抑制与促进生长、干燥脱叶、增效剂等类别，有单用，也有混用的。主要有缩节胺、丰产素、矮壮素、乙烯利、脱落宝、赤霉素、萘乙酸、封顶剂等。

（一）棉花脱叶剂

乙烯利＋环丁酸（Finish）：在吐絮期棉花吐絮 $50\%\sim70\%$ 施用效果好。用量 $0.12\ kg/hm^2$，兑水 300 kg。

乙烯利：又名乙烯磷、一试灵，主要剂型为 40% 水剂。催熟是乙烯利的重要作用之一。对于晚熟棉田，由于晚期棉铃不能制造足够多的乙烯使其自然成熟，人工喷施乙烯利，可起到辅助催熟作用，同时还能促进养分迅速向棉铃输送。

棉花增效脱叶剂：噻唑隆与甲胺磷混用，甲胺磷＋噻唑隆 ＝（400＋40）g/hm^2，可使脱叶效率达到 55% 以上。噻唑隆与碳酸钾混用可提高棉花脱叶效果。

脱落宝：又名噻苯隆、脱叶灵、脱叶脲，主要剂型为 50% 可湿性粉剂。主要作脱叶剂使用。脱叶效果取决于温度、空气湿度等因素。施药前 5 d 至施药后 15 d 平均气温为 $14\sim21\ ℃$，30% 以上棉桃开裂的棉田，进行全株叶面喷施，$10\sim15$ d 后落叶达到高峰。不宜过早施药。

（二）棉花抗逆（抗旱、抗低温）调节剂

赤霉素：又名九二〇、GA_3，主要剂型为 85% 结晶粉剂、20% 可湿性粉剂和 40% 水溶剂。是植物生长重要调节激素之一，具有促进细胞分裂生长、降低蕾铃脱落的作用。在新疆早春低温冷害棉田，常使用赤霉素，可促进棉苗生长。赤霉素纯品水溶性较低，将 $10\sim20$ mg 赤霉素先用少量酒精溶解，再用水稀释成 2 000 倍液后喷施。

萘乙酸：又名 NAA，主要剂型有 80% 粉剂、2% 钠盐水剂。主要作用是防止棉花蕾铃脱落，也具有抗旱抗涝的功能。从盛花期开始，用 $10\sim20$ mg 80% 粉剂萘乙酸 40 000 万～80 000 万倍液，或 2% 钠盐水剂 1 000～2 000 倍液喷洒。但对徒长的棉花最好还用缩节胺。80% 粉剂难溶于水，配置时用少量酒精稀释。

（三）抑制与促进生长类

缩节胺：又叫甲哌鎓、助壮素，主要剂型为 96%～98% 原粉。以抑制营养生长、促进生殖生长和根系生长为主要作用特点。实践证明缩节胺在新疆棉花上应用效果明显。使用方法：一般根据棉田类型，采取全程化控，少量多次原则。在苗期、蕾期、盛蕾期、初花浇水前、花期（二水前）和花铃期均可根据生长健壮与否进行缩节胺调控。一般全程用量 300～450 g/hm²。

丰产素：又名复硝酚钠，特多收。主要剂型为 1.4%、1.8% 和 2% 水剂。以加快棉花发根速度，促进生长、生殖和结铃为特点。在棉花生长的任何时间均可使用。在新疆，一般在苗期和后期使用较好，可促进前期生长、防止后期早衰。幼苗期用 1.8% 水剂 300 倍水溶液喷雾，或 8～10 叶期、初花期和后期用 2 000 倍水溶液喷施。

矮壮素：又名稻麦立、三西，主要为 50% 水剂。具有抑制植株体内赤霉素的生物合成，防止植株徒长，促进生殖生长，还兼有提高抗旱、抗寒等功能。虽然矮壮素与缩节胺有一定相同作用，但对于地力条件较差的棉田忌用矮壮素。

五、棉花 DPC 化学调控

（一）科学化控的依据

科学的调控包括 2 个方面：一是根据棉花生长情况，正确判断棉花生长是否健壮；二是采取科学有效的调控方法、措施。棉花生长情况主要根据棉花所处发育时期，正确判断该时期棉花发育主要形态、生理指标的合理性，当棉花生长发生失调（旺长、弱小、受害等）时，要及时采取促控措施。同时，根据棉花所处发育阶段及棉花失调的程度，制定具体调控措施。

（二）棉花主要调控技术措施

棉花主要调控技术措施有水肥调控、化学调控、农业机械物理调控、人工调控等。根据调节部位不同又分为地上调和地下调。

在棉花整个生长期间，一般进行 3～5 次化控。第一次在苗期，缩节安用量为 7.5～15 g/hm^2；第二次在现蕾期，灌头水前，缩节安用量为 30～45 g/hm^2。其他化控时间，可根据棉花生长发育情况灵活运用。

棉花不同发育时期的调控措施：①早控、轻控、勤控。1 叶期，喷施缩节胺 4.5～7.5 g/hm^2；3～4 叶期，喷施缩节胺 7.5～12 g/hm^2；6～7 叶期，喷施缩节胺 12～18 g/hm^2。②适当推迟头水。棉花达到旺苗、壮苗标准棉田，应推迟到见花后酌情浇头水，以促进营养生长向生殖生长转化。③及时打顶。当果枝达到 6～8 台时，及时打顶，并在打顶后及时去除伸向大行中间的枝条生长点，以保证大行通风透光。④及时化控。打顶后 7 d，及时喷施缩节胺 105～150 g/hm^2。

六、化学封顶整枝技术

打顶是我国棉花生产的一个重要环节，可减少无效花蕾的产生，并促进营养生长和生殖生长平衡。目前，随着我国劳动力成本逐步增加，人工打顶费用较高，不利于提高植棉比较效益，加之劳动力短缺，很多棉田不能最佳时间打顶。人工打顶已成为实现棉花生产全程机械化的最后一个环节。随着化学封顶整枝技术的成熟运用，实现了棉花全程机械化种植关键技术的突破。

（一）化学封顶整枝的定义

利用植物生长调节剂抑制顶端分生组织的分裂及伸长，延缓或抑制棉花顶尖和果枝枝尖的分化速率，限制棉花无限生长习性，调节营养生长与生殖生长，塑造棉花理想株型，从而达到替代人工打顶的作用。

（二）化学封顶整枝剂的类型

近年来，研究试验推广示范表明，以植物生长延缓剂 DPC 和植物生长抑制剂氟节胺为有效成分的调节剂产品具有相对较好的化学封顶效果。

推荐采用的化学封顶制剂有：25％氟节胺悬浮剂，40％氟节胺悬浮剂，98％甲哌鎓粉剂＋液体助剂。

（三）化学封顶整枝剂使用注意事项

1. 配制方法

（1）准确核定施药面积　根据推荐的棉花化学打顶整枝剂使用剂量，计算棉花化学打顶整枝剂用量。用专用量具准确量取。

（2）采用二次稀释法配制药液　先用少量水将棉花化学打顶整枝制剂稀释成"母液"，然后在药箱中加入额定用水量30%～50%的水，倒入"母液"，同时进行回水搅拌，再加入所需的水量。充分搅拌确保药液混匀。

（3）药液应现用现配　避免长久放置，药效散失。短时存放时，应密封并安排专人保管。

2. 施药器械

使用喷杆喷雾机。喷雾机的选择应符合 DB65/T 3979—2017 的规定。喷杆喷雾机工作压力为 0.2～0.3 MPa。药箱内有射流、回水搅拌装置，对药液进行强制搅拌。施药作业结束后，应用清水或碱性洗液彻底清洗施药机械的药箱、喷杆及喷头等接触药剂的设备。

3. 施药条件

（1）应选择晴好天气，风速不大于二级时施药，避免中午最热时间喷药。

（2）25%、40%氟节胺悬浮剂施药后5～7 d 内停水停肥。98%甲哌鎓粉剂施药后3 d 内不宜浇水施肥。

（3）严禁与含有激素类的农药和叶面肥（芸薹素内酯、胺鲜酯、磷酸二氢钾、尿素等）混用，可与微量元素（硼、锰、锌）混合使用。

（四）施药时期

（1）25%、40%氟节胺悬浮剂应在棉花蕾期和初花期施用，需施药2次。

第一次施药时间：棉花蕾期，5台果枝时开始施药。

第二次施药时间：棉花初花期，8台果枝时开始施药。

（2）98%甲哌鎓粉剂应在初花期至盛花期施用，需施药1次，施药时间：棉花初花期至盛花期，8~9台果枝时施药。

（五）用药剂量

1. 25%氟节胺悬浮剂　第一次施药采用顶喷（机械喷施）；施药时，喷杆距棉株顶部高度25~30 cm，用药量1.2 kg/hm²，喷液量450 kg/hm²。第二次施药采用顶喷（机械喷施）；施药时，喷杆距棉株顶部高度25~30 cm，用药量1.8 kg/hm²，喷液量600 kg/hm²。

2. 40%氟节胺悬浮剂　第一次施药采用顶喷（机械喷施）；施药时，喷杆距棉株顶部高度25~30 cm，用药量0.9 kg/hm²，喷液量450 kg/hm²。

第二次施药采用顶喷（机械喷施）；施药时，喷杆距棉株顶部高度25~30 cm，用药量1.5 kg/hm²，喷液量600 kg/hm²。

3. 98%甲哌鎓粉剂＋液体助剂　棉花初花期至盛花期，8~9台果枝时开始施药。采用顶喷（机械喷施），施药时，喷杆距棉株顶部高度30~40 cm，用药量225 g/hm²，加液体助剂150 g/hm²，喷液量450 kg/hm²。

（六）喷施要求

喷头以选用扇形雾11003、11004喷头实行全覆盖喷雾，确保棉株顶部生长点充分接触药液；机车作业速度控制在时速3~5 km/h。

应保证喷洒均匀，不重不漏。喷洒时，应先启动动力，然后打开送液开关；停车时，要先关闭送液开关，后切断动力。在地头转向时，动力输出轴应始终旋转，以保持喷雾液体的搅拌，但送液开关必须为关闭状态。采用化学打顶整枝的棉田，前期需通过水、肥、密的合理运筹和缩节胺系统化控保障棉田生长稳健。

（七）注意事项

棉花化学打顶整枝剂应通过正规渠道购买，同时应注意棉花化学打顶整枝剂包装箱的产品标志等，根据棉花化学打顶整枝剂的剂型，按照农药标签推荐的方法配制棉花化学打顶整枝剂。

棉花化学打顶整枝剂在使用前应始终保存在其原包装中。在量取棉花化学打顶整枝剂后，封闭原棉花化学打顶整枝剂包装并将其安全贮存。

配药时应远离水源，严防污染饮用水源和畜禽误食。所用称量器具在使用后都要清洗，不得做其他用途。冲洗后的废液应在远离居所、水源的地点妥善处理。

化学封顶整枝剂可与杀虫剂混用，喷施 6 h 内遇雨，减半补喷。

七、棉花脱叶催熟技术

（一）棉花脱叶催熟的目的

棉花脱叶催熟的目的是促进棉花吐絮期集中吐絮，加快收获前的叶片脱落，实现机采棉一次性集中采收、提高机采棉的采摘率和作业效率，降低机采籽棉含杂率。脱叶催熟目标是喷药后 15~20 d，脱叶率＞90％，吐絮率＞95％。切记要先脱叶后催熟，避免棉铃先吐絮叶片后脱落，脱落的叶片落在吐絮的棉铃上，增加含杂量，也防止叶片"枯而不脱"或"脱而不落"，力求"青脱"。

（二）棉花脱叶催熟作用机制

根据脱叶催熟剂的作用机制可分为两类：一类是促进棉花生成内源乙烯的化合物，如噻苯隆、乙烯利等，其主要作用是诱导棉铃开裂、形成叶柄离层；另一类是触杀型的化合物，如草甘膦、脱叶磷、噻节因、唑草酯、敌草隆、氯酸镁等，其主要作用是直接杀伤或杀死植物的绿色组织。

（三）棉花脱叶催熟技术要点

1. 施药时期　棉田平均吐絮率达到 30％以上、顶部棉铃铃期 35 d 以上为宜，北疆以 8 月底至 9 月初为宜，南疆棉区以 9 月上中旬（秋季气温下降慢的年份，可延迟到 9 月下旬）为宜。

2. 施药气象条件　以日气温 21 ℃以上、晴天无风、日平均气温连续 7~10 d 在 18 ℃以上为宜。当吐絮率与温度条件无法同时满足时，优先满足温度条件，不宜在气温迅速下降的高温天气喷药。

3. 施药次数　一般 1~2 次，可根据脱叶情况进行二次补喷，无人机建议分两次喷施，效果更好。

4. 施药量　正常棉田适量偏少，过旺棉田适量偏多；早熟品种适量偏少，晚熟品种适量偏多；喷期早的适量偏少，喷期晚的适量偏多；密度小的适量偏少，密度大的适量偏多。每亩可选用脱落宝 30 g＋乙烯利 70 g，或用脱吐隆 10 g＋乙烯利 70 g，气温低时或长势较旺棉田适当加大乙烯利用药量；或每亩用 540 g/L 噻苯·敌草隆悬浮剂 12～15 mL＋乙烯利 70～100 mL，50%噻苯隆悬浮剂 40～45 mL＋乙烯利 70～100 mL，噻苯·乙烯利悬浮剂（欣噻利，50%）90 mL＋乙烯利 60 mL（推荐 2 次，间隔 5～7 d）。

5. 施药机械　用牵引式或背扶式打药机械喷药，避免碾压棉株，带上下喷头，下喷头离地面 15～20 cm，每亩喷施药液 40～50 kg，最大限度保证棉株叶片正反两面均匀受药。用无人机施药，每亩 1.0～1.2 L 药液为宜，飞行速度 4 m/s，高度 2 m。

6. 注意事项　若施药 7～10 h 内遇雨，应及时补喷，力求受药均匀，早晚喷药，禁止大风天气施药，防止飘移。不同厂家的脱叶剂因配方不同、含量不同，在使用前务必仔细阅读产品说明书。

第十二章

新疆棉花病虫草害防治

第一节　病虫害概况

　　病虫害是棉花生产的主要限制因子。棉花病虫害种类较多，世界各地报道的侵染性棉花病害有 260 多种，在我国，有记载的约有 80 种，其中常见的不超过 20 种。只要条件具备，棉花一生都有病虫危害，不同病虫害主要发生危害的时期、症状、部位不同，危害发生的程度常根据各年气候等情况而定。根据各种病虫害发生、危害特点，在防治方法上有不同。棉花病虫害防治方法总体包括农业防治、生物防治、化学防治等，提倡综合防治、绿色防治。

　　新疆由于干旱、降雨量少等特殊气候条件，与内地棉区相比，棉花病虫害种类较少，发生危害程度较轻。但进入 20 世纪末期，由于长期连作、农作物结构调整、气候变化、引种和防治方法等原因，新疆棉花病虫害危害程度逐年加重。20 世纪 50 年代新疆棉铃虫平均发生面积不足 0.67 万 hm^2，20 世纪 60 年代平均为 1.9 万 hm^2，70 年代平均为 2.9 万 hm^2，80 年代达 5.1 万 hm^2，90 年代更是达到 9.0 万 hm^2，尤其是 1996 年在新疆部分棉区暴发成灾，发生面积达 36.0 万 hm^2。棉蚜发生危害也呈逐年加重的趋势，2001 年发生面积为 40.0 万 hm^2，2005 年已达 31.4 万 hm^2。棉叶螨 2005 年发生面积为 15.7 万 hm^2，并有逐年上升的趋势。新疆棉花病虫害发生频率呈现不断上升的势头，已进入重发期、频发期。

　　据报道，新疆棉花病害约有 17 种，害虫约有 32 种。其中危害普遍的优势种群有棉花立枯病、棉花红腐病、棉铃红粉病、棉花枯萎病、棉花黄萎病和棉蚜、棉长管蚜、烟蓟马、黄地老虎、牧草盲蝽、棉铃虫及土耳其斯坦叶螨、截形叶螨、敦煌叶螨等病虫害。新疆棉花病虫害种类较多，20 世纪 80 年代中期以后，棉花烂根病、黄萎病、枯萎病、棉蚜、棉铃虫及棉叶螨成为影响生产发展最为突出的病虫害。

第二节　主要病害及防治措施

一、棉花枯萎病

(一)新疆棉花枯萎病生理小种

针对新疆棉区广、枯萎病发生加重、引种频繁不规范等问题，弄清新疆棉花枯萎病生理小种演变极为重要。通过对新疆棉花枯萎病生理小种研究表明，枯萎病菌优势小种仍为 7 号生理小种，一方面其致病性较强，另一方面病菌的致病性分化比较复杂，主要分为强、弱 2 种致病型，也存在多种与 7 号小种有区别的致病性分化。强致病型主要分布于南、北疆棉区，弱致病型主要分布于东疆棉区。

(二)棉花枯萎病发生规律及危害症状

1. 病菌及侵染途径　棉花枯萎病菌是镰刀菌属。棉花枯萎病都是由于病菌侵染危害茎秆内的维管束组织，影响养分和水分向上输送，导致植株枯死。枯萎病属于土传病害，棉田一旦感染枯萎病，就会常年发生。新疆棉花枯萎病 1963 年始发现于莎车县，20 世纪 80 年代先后扩展到南、北疆一些主要植棉县（市）。20 世纪 90 年代中期之后，棉花枯萎病进一步扩大蔓延。

2. 发病时间与条件　枯萎病是典型的维管束病害，在整个生育期均可发生。枯萎病发生时间较早，子叶期即可发病，现蕾期前后为第一次发病高峰期，到结铃期发病明显减轻。7 月下旬至 8 月上旬结铃期，地温达 32 ℃以上时，棉株生长旺盛，病情停止发展，病株又长出新叶，此时出现"高温隐症"，症状减轻。结铃后期，随着气温和地温下降到 24 ℃左右时，病情又有回升，出现第 2 个发病高峰期。枯萎病一般土温达到 20 ℃左右时开始发病，25～28 ℃时达到发病高峰，当温度超过 33 ℃时，枯萎病一般停止发作。据此，新疆枯萎病发病时间一般在苗期至蕾期发病，一般病田减产 5%～15%，较重田减产 20%～30%，重病田减产 50%以上。

3. 发病症状与部位　枯萎病呈现多种症状类型：①黄色网纹型。子叶或真叶的叶肉保持绿色，叶脉变成黄色，病部出现网状斑纹，渐扩展成斑块，最后整片叶萎蔫或脱落，该类型是该病早期常见典型症状之一。②黄化型。黄化型大多从叶片边缘发病，子叶和真叶的局部或整叶变黄，最后叶片枯死或脱落，叶柄和茎部的导管部分变为褐色。③紫红型。苗期遇低温，子叶或真叶呈现紫红色，病叶局部或全部出现紫红色病斑，病部叶脉也呈现红褐色，叶片随之枯萎脱落，棉株死亡。④青枯型。棉株遭受病菌侵染后突然失水，叶片变软下垂萎蔫，接着棉株青枯死亡，此为青枯型。在多雨灌水转晴时，常有青枯型发生。⑤皱缩型。皱缩型表现为叶片皱缩不平、增厚，叶色深绿，节间缩短，植株矮化，有时也与其他枯萎病发病症状同时出现。枯萎 F 病严重的，导致植株死亡、叶片蕾铃脱落。枯萎病有时与黄萎病混合发生，症状更为复杂。枯萎病鉴定方法为横剖植株病杆，可见发病植株的维管束颜色较深，木质部有深褐色条纹。

（三）棉花枯萎病防治

1. 选用抗病品种　抗病品种是解决枯萎病最经济有效的途径，也是根本途径。

2. 种子消毒处理，消灭种子菌源　如浓硫酸脱绒，多菌灵、菌毒清、黄腐酸盐拌种等。

3. 加强田间管理　加强棉花现蕾开花后水肥营养管理，提高棉花抗病性。

4. 控制压缩轻病区，彻底改造重病区　采取轮作倒茬，减少病源。有条件地区实行水旱轮作，可以有效压低土壤菌源，起到防病效果。

5. 发病后有针对性地补救防治　叶面喷施磷酸二氢钾，棉花根部滴施棉枯净、DD 混剂、生物肥等，使其自然扩散吸附，达到治病效果。

6. 严格保护无病区　病区收购或病田采摘的棉花要单收单扎，专车运输，专仓储存，棉籽榨油采取高温榨油方式。在调拨、引进棉种时要严格履行种子调拨和检疫手续。

7. 及时消灭零星病点 对零星病株及时拔除，就地焚烧。并在病株周围 1 m² 的土壤灌根施药消毒。常用药剂有氨水、治萎灵等。

二、棉花黄萎病

（一）新疆棉花黄萎病生理小种

新疆棉花黄萎病生理小种为 3 号。研究表明新疆棉花黄萎病病菌的致病性较弱，但现在鉴定认为新疆棉花黄萎病菌存在明显的致病性分化，既有强致病力的 A 型，也有中等致病力的 B 型，还有弱致病力的 C 型，并以中等致病性为主。

（二）棉花黄萎病发生规律及危害症状

1. 病菌及侵染途径 棉花黄萎病菌是轮枝菌属。棉花枯黄萎病都是由于病菌侵染危害茎杆内的维管束组织，影响养分和水分向上输送，导致植株枯死。黄萎病害的病原菌主要借土壤、种子、肥料等进行传播，残留在土壤中的病菌孢子在温度适宜时，由菌丝直接侵染棉花根部。黄萎病菌在土壤里的适应性很强，病菌在土壤中一般能活 20 年以上，棉田一旦传入黄萎病菌，若不及时采取防治措施将以很快的速度蔓延危害，有棉花癌症之称。由于多种原因，棉花黄萎病在新疆棉区呈点片状发生，北疆棉区重于南疆地区，目前，棉花黄萎病在南、北疆发生面积和发病率均有扩大蔓延的趋势，70%～80%棉田均有黄萎病发生。

2. 发病时间与条件 黄萎病在棉花整个生育期均可发病。一般苗期很少表现出来症状，发病较晚，5～6 片真叶时开始表现，现蕾以后开始发病，花铃期为发病高峰。黄萎病发病的温度较枯萎病低，气温 25℃时发病率较高，28℃时减轻，高于 30℃发病缓慢或停止。黄萎病在现蕾前很少出现症状，而在现蕾开花后大量出现症状。连作棉田、地势低洼、排水不良的棉田发病重。

3. 发病症状与部位 黄萎病先在中下部叶片出现症状，逐渐向上发展，发病初期叶片变厚无光泽，叶边和叶脉间出现不规则黄色病斑，后逐渐扩展，叶片边缘向上卷曲，严重时除叶脉为绿色外，叶片其他部分褐色枯干，叶片由下而上逐渐脱落，仅剩顶部少数新叶、小叶，蕾铃稀少，棉铃提前开裂，后期病株基部生出细小叶枝。纵剖病茎，木质部上产生浅褐色条纹。主要症状类型有：①黄色斑驳型：是黄萎病常见的类型，病叶边缘失水、萎蔫，叶脉间的叶肉褪绿或出现黄绿镶嵌的不规则形黄斑，并逐渐扩大，而叶片主脉仍保持绿色，形似花西瓜皮色状。病叶边缘向上略微卷曲，继续发展，病叶变褐，枯焦脱落成光杆，仅剩顶端心叶或枯死。②落叶型：落叶型病株叶片叶脉间或叶缘处突然出现褪绿萎蔫，病株叶片失水、变黄，一触即掉，植株枯死前成光杆。病株主茎顶梢、侧枝顶端变褐枯死，病铃、苞叶变褐干枯，蕾、花、铃大量脱落。③矮化型：病株叶片浓绿，叶肉肥厚，边缘微向下卷，挺而不萎，株型矮化但不皱缩丛生。④急性萎蔫型：夏天久旱后暴雨或大水漫灌后，棉株叶片突然萎蔫，似开水烫伤状，最后叶片全部脱落，棉株成为光杆，剖开病株茎杆可见维管束变成淡褐色，这是黄萎病的急性型症状。⑤枯斑型：叶片症状为局部枯斑或掌状枯斑，枯死后脱落。

发病植株总体表现为：植株矮化，落蕾、落铃多，果枝减少，甚至没有果枝，单铃重减轻，品质下降。以上不同症状类型的黄萎病，剖开植株茎杆检查，共同特征都是维管束变色，有浅褐色条纹（黑褐色则为枯萎病）。发病植株的维管束变色较浅，一般不会矮化枯死。

（三）棉花黄萎病防治

贯彻"预防为主，综合防治"的方针，并根据不同棉区的发病情况，采取不同防治措施。

1. 种植抗、耐病品种　这是防治黄萎病最经济有效的措施。

2. 严格保护无病区　严格执行检疫，禁止病区棉种调往无病区。病区收购或病田采摘的棉花要单收单扎，专车运输，专仓储存，棉籽榨油采取高温榨油方式。在调拨、引进棉种时要严格履行种子调拨和检疫手续。

3. 控制压缩轻病区，彻底改造重病区 实行大面积轮作。提倡与禾本科作物轮作，尤其是与水稻轮作，效果最为明显。将重黄萎病田轮作倒茬，改种水稻一年，再种棉花，第一年田间基本上见不到黄萎病株，第二年黄萎病发病率压低到 10％ 以下，铲除零星病区、控制轻病区。对病株超过 0.25％ 的棉田采取人工拔出病株。

4. 加强田间管理，提高棉花抗逆能力 在棉花蕾期、铃期及时喷洒缩节胺等生长调节剂，滴施生物菌肥，对黄萎病的发生有减轻作用。

三、棉花角斑病

棉花整个生育期都会遭受角斑病的危害。陆地棉抗病力较强，长绒棉比较容易感病。子叶发病后，背面出现水浸透明圆形病斑，然后扩大变成黑色，并能扩展到幼茎上，使幼苗折断死亡。真叶发病后，病斑为灰绿色水渍状，后变成深褐色，因周围受硬化的叶脉限制，故呈多角形病斑。茎和枝条受害后，出现水渍状黑色病斑，发病严重的茎易折断。棉铃上发病为绿色透明油渍状病斑，近圆形，几个病斑连成不规则形，之后病斑变成褐色或红褐色而收缩下陷。

角斑病的防治采用代森锌杀菌剂。代森锌是广谱保护性杀菌剂，对多种病菌有较强触杀作用。代森锌在水中易被氧化成异硫氰化物，对病菌体内含有 - SH 基的酶有强烈的抑制作用，并能直接杀死病菌孢子，抑制孢子发芽，阻止病菌侵入植物体内。但对已侵入植物体内的病菌菌丝的杀伤作用很小。使用代森锌防止病害时，应把握在作物发病前或初见病斑时施药，才能取得较好的防效。

四、棉花铃病

随着种植密度的增加和生态环境的变化，新疆棉花铃病发生呈加重趋势。棉花铃病按其致病方式可分为两类。一类是直接侵害棉铃的，有角斑病、炭疽病、疫病和黑果病等病菌；另一类属于伤口侵染的，有些甚至是半腐生性的，如红腐病、红粉病和印度炭疽病等病菌，多从伤口、铃缝或病斑侵入而引起棉铃病害。棉花铃病有多种，表现症状不同。了解和掌握不同棉花铃病危害症状，对科学预防具有重要作用。

（一）棉花铃病类别

1. 棉铃炭疽病　该病多在 8 月中旬至 9 月中旬危害棉铃，以 25～40 d 铃期的棉铃比较容易发病。发病棉铃最初在棉铃尖附近发生暗红色小点，逐渐扩大成褐色凹陷的病斑。

2. 棉铃曲霉病　病原菌主要有黄曲霉、烟曲霉和黑曲霉。病原菌先将铃壳裂溢产生出黄褐色霉状物，以后变成黑褐色，将裂缝塞满，病棉铃不能开裂。

3. 棉铃角斑病　棉铃角斑病是棉花铃期病害中发生最早的一种，多在 7 月中旬至 9 月初发生。感病的棉铃开始在棉铃柄附近发生油渍状的绿色小点，逐渐扩大成圆形病斑，并变成黑色，中央部分下陷，有时病斑相连成不规则形状的大斑。角斑病可以危害幼铃，幼铃受害后常腐烂脱落；成铃受害后，一般只烂 1～2 室，但亦可引起其他病害入侵而使整个棉铃烂掉。

4. 棉铃疫病　棉铃疫病是一种真菌性病害，危害的真菌为苎麻疫霉，属于鞭毛菌亚门。棉铃发病多从青铃的基部、棉铃缝和棉铃尖等部位开始，病菌侵入后先出现水渍状小点，使棉铃变成黄褐色或青褐色，最后变成黑色油光状，并能深入铃壳内，使纤维变成青色，病铃逐渐腐烂或形成僵瓣。发病早的对产量影响较大。疫病发生晚者虽铃壳变黑，但内部籽棉洁白，及时采摘剥晒或天气转晴仍能自然吐絮，对产量影响较小。当 8～9 月降水多、湿度大时发病重，危害大。

5. 棉铃红腐病　棉铃红腐病也是真菌性病害，病原菌属半知菌亚门真菌。发病初期呈黑绿色、水渍状、没有固定形状的病斑。这些病斑多发生在棉铃尖和裂缝处，扩展后在病斑表面出现淡红色霉层，导致棉铃不能正常开裂，棉花纤维腐烂或形成棉花僵瓣。在高温、低湿条件下侵染发病，在病棉铃上产生大量分生孢子借助风雨传播，进行再侵染。

6. 棉铃红粉病　棉铃红粉病的病原菌属半知菌类。棉铃上布满淡红色粉状物。天气潮湿时菌丝长成白色绒毛状，病棉铃不能正常吐絮，棉纤维变褐色或形成棉花僵瓣。在冷凉、潮湿的环境中容易发病。

7. 棉铃黑果病　棉铃黑果病也是真菌性病害，病原菌属半知菌类。棉铃黑果病开始发病时，全棉铃变软，铃壳变成黑褐色，发生严重时，整个棉铃僵硬，棉絮形成灰黑色棉花僵瓣，病棉铃僵缩在果枝上不脱落，也不能开裂吐絮。多在阴雨天气，湿度大的情况下，容易造成危害。

8. 棉铃灰霉病　棉铃灰霉病为真菌性病害。在病铃的表面长出灰色绒毛状霉层，造成棉铃干腐。一般在湿度大、气温比较凉爽的8～9月发生。

9. 棉铃软腐病　棉铃软腐病也是一种由寄生真菌造成的棉铃病害。发病的棉铃铃尖或全棉铃变成紫红色，剥开病棉铃，里面湿腐变软，发病很快，最后整个棉铃湿腐、霉烂或干缩。

（二）棉花铃病发生规律

棉花铃病的发生轻重与气候条件、栽培条件及其他病虫害的发生程度密切相关。棉花在结铃吐絮期，天气高温多雨，田间密闭不透风，或其他病虫害发生较重，造成棉铃有大量伤口时，有利于病菌的侵入。

（三）棉花铃病防治

大约60％的棉花烂铃病是由病虫危害后引起的，所以加强棉花铃期的病虫害防治工作、减少虫口伤害、减少病菌的侵染途径极为重要。根据虫害发生趋势，一般在8月上旬开始喷药，可选用75％百菌清可湿性粉剂500倍液、70％甲基硫菌灵或70％代森锰锌等可湿性粉剂400～500倍液喷雾防治。每隔4～5 d喷一次，连续3～4次。

五、棉花苗期病害

苗期病害是棉花重要病害，直接影响出苗率、苗壮、苗匀。目前，国内发现的苗期病害已有20多种。苗期病害的危害方式有根病与叶病两种类型。棉花苗病发生与气候条件和耕作质量密切相关。出苗后，低温、土壤湿度大、种子质量差、带菌率高、播种过深等均有利于病菌的侵染和苗期病害的发生。苗期根病的传播途径主要是种子带菌和土壤传染。

（一）新疆棉花苗期主要病害

在新疆，由于春季气候多变，常有明显的倒春寒，极易引发苗期病害，造成棉花苗期病害种类繁多、病害突出。尤其是苗期根病严重、发病率高，对棉花生产影响很大。新疆棉花苗期病害主要有：立枯病、红腐病、猝倒病、炭疽病等。

1. 棉苗立枯病（烂根病） 棉苗立枯病是由立枯病菌为主的多种病菌导致的一种复合性病害，在我国各主要棉区都有发生，是北方棉区的主要病害。棉苗立枯病是新疆棉花苗期的重要病害，南、北疆各棉区普遍发生，危害严重。由于北疆棉区受低温多湿气候条件的影响，该病危害重于南疆，一般发病率为27%～75%，死苗率为5%～12%。立枯病严重的导致连穴棉苗的死亡，使棉田出现缺苗断垄现象。立枯病主要症状：幼苗出土前引起烂种、烂芽和烂根；幼苗出土后，则在幼茎基部靠近地面处发生褐色凹陷的病斑，继而向四周发展，颜色逐渐变成黑褐色，直到病斑扩大缢缩，最终枯萎倒地死亡。发病棉苗一般在子叶上没有斑点，但有时也在子叶中部形成不规则的褐色斑点，之后病斑破裂而穿孔。

立枯病发生的条件主要是播种后持续低温多雨气候、种子成熟度差、籽粒破碎或秕子率高、播种过早或过深、地下水位较高或土壤湿度过大。多年连作的棉田发生立枯病一般较重，病状不严重的棉苗，气温上升后可恢复生长。

2. 棉花红腐病 红腐病致病菌为多种镰刀菌。其主要症状为：病菌侵害棉苗根部，先在靠近主根或侧根尖端处形成黄色至褐色的伤痕，使根部腐烂，受害时也会蔓延到主茎。染病棉苗的子叶边缘常出现较大的灰红色圆斑，在湿润条件下，病斑会产生一层粉红色孢子。

3. 棉花猝倒病 多在湿润条件下发病，病菌主要危害幼苗，也侵害棉种。其症状为：棉苗出土后，病菌先从幼嫩的细根侵入，在幼茎基部呈现黄色水渍状病斑，严重时病部变软腐烂，颜色加深呈黄褐色，幼苗迅速萎蔫倒伏，同时子叶也随着褪色，呈现水浸状软化。高湿条件下，病部常产生白色絮状物。与立枯病不同的是，猝倒病棉苗基部没有褐色凹陷病斑。

4. 棉花炭疽病　炭疽病常造成棉苗生育延迟，在我国各主要棉区都有发生。其主要症状表现为：棉籽发芽后受侵染，可在土中腐烂，子叶上的病斑呈黄褐色，边缘呈红褐色，上面为橘红色黏性物质，即病菌分生孢子；或幼苗出土后，在茎基部发生紫红色纵裂条痕，逐渐扩大成皱缩状红褐色棱形病斑，稍凹陷，严重时皮层腐烂，幼苗枯萎。

5. 棉花轮纹斑病　又称黑斑病，是棉花中后期常见的病害，但以苗期危害子叶的损失较重。其主要症状为：受害子叶最初发生针头大小的红色斑点，逐渐扩展成黄褐色的圆形或椭圆形病斑，边缘呈紫红色，一般具有同心轮纹。发病严重时，子叶上出现大型的褐色枯死斑块，造成子叶枯死脱落。

（二）棉花苗期病害的防治措施

苗期病害的发生和发展，决定于棉苗长势的强弱、病菌数量的多少，以及播种后的环境条件。所以要以预防为主，采用农业栽培技术与化学药剂保护相结合的综合防治措施。主要方法有药剂处理种子、选用质量好的种子、适期播种、勤中耕提温散墒透气、喷施植物生长调节剂促进早发、提高抗病力等。农业防治包括深耕冬灌、精细整地、轮作倒茬等。

1. 种子处理　种子处理简单省药，是目前防治苗期病害最常用的办法。

（1）药剂拌种　有效的药剂有拌种灵、三氯二硝基苯、甲基硫菌灵、20%甲基立枯磷、35%苗病净1号等，用量为每100 kg棉种拌药0.5 kg。

（2）种子包衣　种子包衣能有效防治棉苗病虫害和地下害虫，明显提高出苗率，促进棉苗生长，提高棉花产量。

2. 苗期喷药保护 出苗后如长期遇低温阴雨，可能会暴发苗期烂根病，可用 50％多菌灵、65％代森锌可湿性粉剂 250～500 倍液、25％多菌灵可湿性粉剂 300～1 000 倍液、50％克菌丹 200～500 倍液喷雾防治。

苗期病害防治药剂：①立枯病防治药剂有甲基立枯磷。甲基立枯磷是保护性杀菌剂，对土传病害（如由丝核菌属、菌核属、核线菌属等引起的病害）有较好的防治效果，采用拌种效果较好。②炭疽病防治药剂有代森锰锌。代森锰锌是广谱保护性杀菌剂，主要是抑制菌体内丙酮酸的氧化，和参与丙酮酸氧化过程的二硫立酸脱氢酶中的硫氢基（－SH）结合，抑制菌的生长。在发病前或初发病时开始喷药效果较好。③棉苗猝倒病防治药剂有乙蒜素（抗菌剂 402）。乙蒜素是大蒜素的同系物，是一种广谱性杀菌剂。其杀菌机制是其分子结构中的 S－S＝O＝O 基团与菌体分子中含—SH 的物质反应，从而抑制菌体正常代谢，对植物生长具有刺激作用，可采取拌种。

3. 加强栽培管理 适当早间苗，勤中耕，尤其雨后要及时中耕。

第三节　主要虫害及防治措施

一、新疆棉花主要害虫

新疆棉花主要害虫有棉铃虫、棉蚜、棉红蜘蛛（棉叶螨）、棉蓟马、盲蝽、地老虎等。棉花蚜虫有 5 种：苜蓿蚜、棉长管蚜、菜豆根蚜、拐枣蚜和棉蚜，新疆主要有棉长管蚜、苜蓿蚜、拐枣蚜和菜豆根蚜。

（一）地老虎

地老虎俗称地蚕、土蚕、切根虫。有小地老虎、黄地老虎和大地老虎 3 种，新疆黄地老虎危害较重，是新疆棉花苗期的主要害虫。

1. 发生规律 地老虎成虫昼伏夜出，对黑灯光、糖醋液有很强的趋性。幼虫一至二龄期，白天和夜间在地面上活动。二龄四龄后，白天躲在土中，夜间出来活动危害棉花。

2. 危害特点　地老虎为杂食性害虫。四龄后咬断棉花嫩茎和棉花中下部，造成无头棉、公棉花、死苗等。幼虫潜伏地下，抗药力强。

3. 防治方法　①铲除杂草。播种前清除田间杂草，及时中耕消灭虫卵。②撒施毒土。③毒饵诱杀。采用棉籽饼拌毒饵，敌百虫可溶性粉剂用量 750 g/hm^2，加水 30 kg 喷洒到 37.5 kg 碾碎炒香的棉籽饼里，拌匀即可使用。在傍晚，顺着棉花行每 2 m^2 撒施一小堆诱杀幼虫。④喷药防治。用 90% 敌百虫可溶性粉剂 1 000 倍液喷雾防治。⑤人工捕捉。在虫孔叶或段苗株附近，田间挖坑，清晨人工捕捉，连续 4~5 d。⑥灌根防治。敌百虫、敌杀死、速灭杀丁等药液灌根。

（二）棉叶螨

棉叶螨又称棉花红蜘蛛，新疆各棉区均有发生。棉叶螨寄主广泛。新疆棉田害螨种类较多，分布广泛，棉叶螨在北疆发生危害重于南疆棉区，有的年份局部地区可造成棉花减产 10%~30%。暴发年份，造成大面积减产甚至绝收。它在棉花整个生育期都可进行危害。

1. 发生规律　棉叶螨秋冬季节以雌成虫及其他虫态在冬绿肥、杂草、土缝内、枯枝落叶下越冬，翌年 2 月下旬至 3 月上旬，首先在越冬或早春寄主上危害，待到棉苗出土后再移至棉田危害。杂草上的棉叶螨是棉田危害的主要来源。每年 6 月中旬为棉叶螨危害高峰，以麦茬棉危害最重，7 月中旬至 8 月中旬危害棉叶，9 月上旬在晚发迟衰棉田棉叶端危害。天气是影响棉叶螨发生的首要条件。天气高温干旱、持续日晒、无降雨，易造成棉叶螨大面积发生，而大雨、暴雨对棉叶螨有一定的冲刷作用，可迅速降低虫口密度，抑制和减轻棉叶螨的危害。

2. 危害特点　在棉叶背面吸食汁液，使叶片出现黄斑、红叶和落叶等危害症状，形似火烧，俗称火龙。轻者棉苗停止生长，蕾铃脱落，后期早衰。重者叶片发红，干枯脱落，棉花变成光杆。

3. 防治措施

（1）清除棉叶螨源　早春季节，清除杂草减少棉叶螨源；及时清除带棉叶螨植株，将带棉叶螨植株带出田外销毁，防止蔓延扩散。

（2）点片防治　对叶片出现黄白斑、黄红斑、叶片变红的棉株进行点片挑治。发现一株防治一圈，发现一点防治一片，可选用10％的浏阳霉素、0.9％的阿维菌素、73％的克螨特、5％的尼索朗及三氯杀螨醇、久效磷、氧化乐果等药剂，按 1：2 000 倍药液定点定株喷雾防治。选择在露水干后或者傍晚时进行防治，增强药效，提高杀螨效果，同时要均匀喷洒到叶子背面，做到大田不留病株，病株不留病叶。为了防止棉叶螨产生抗药性，要搭配使用扫螨净、猛杀螨等杀螨剂。阿维菌素由于可正面施药，达到反面死虫的效果，防治起来更简单易行，且防治期长、效果稳定。

（3）生物防治　棉叶螨的天敌较多，如瓢虫、捕食螨、小花蝽、蜘蛛等。有条件的地方，在棉叶螨点片发生期人工释放捕食螨，在中心植株上挂 1 袋，中心植株两侧棉株各挂 1 袋，每个袋中放置 2 000 头左右捕食螨。

（三）棉铃虫

棉铃虫俗称棉桃虫，属鳞翅目、夜蛾科，可危害棉花、玉米、番茄、向日葵、豌豆等作物，是一种暴发性、致灾性、毁灭性的害虫。20 世纪 50～80 年代新疆棉铃虫发生较轻，进入 90 年代之后，各棉区均呈上升发展趋势，且危害逐渐加重。

1. 发生规律　棉铃虫世代重叠，一般 1 年发生 2 代，有不完整的第 3 代。以蛹在土壤中越冬，地埂居多，越冬蛹一般在 5 月中旬开始羽化，6 月中下旬第 1 代幼虫进入危害高峰期。7 月下旬第 2 代幼虫进入危害高峰期，此时幼虫主要危害棉花的花蕾、花苞、幼棉铃，7 月份 1 代老龄幼虫和 2 代幼虫同时危害，棉花受害较重，7 月底 2 代幼虫开始入土化蛹。8 月上中旬第 2 代成虫大量出现，8 月中下旬第 3 代幼虫开始危害，此时主要危害棉花的花和青棉铃。9 月随着气温的下降和作物的成熟收获，老熟幼虫钻入土中化蛹，深度 3～6 cm，最深达 10 cm。棉铃虫在新疆各棉区一年发生的代数不同，在北疆及南疆部分棉区，棉铃虫一年发生 3 代，在南疆棉铃虫一年发生 3～4 代，在东疆棉铃虫一年发生 5 代，有的年份可达 6 代。同时，棉铃虫世代重叠及各虫态发生时期参差不齐，也加大了防治工作的难度。

2. 危害特点　棉铃虫主要危害棉花的嫩蕾、嫩尖、心叶和幼棉铃。以 2～3 代棉铃虫危害为主。其中 1 龄幼虫主要危害嫩尖和嫩叶，2 龄幼虫开始危害蕾、花、铃。幼蕾危害后苞叶变黄张开脱落，棉铃危害后造成烂铃和形成棉花僵瓣，可造成严重减产。

3. 综合防治

（1）加强监测预警　在各植棉区建立监测预警网点，进行系统监测，及时发出防治警报。

（2）物理防治　利用棉铃虫成虫的趋光性，在棉田安装频振式杀虫灯诱杀成虫，明显降低田间虫卵发生密度。一般每 4 hm² 安装 1 盏杀虫灯，杀虫灯高出作物 50 cm，诱杀时间为 5～9 月。

（3）农业防治　①选用转基因抗虫棉品种。②种植玉米诱集带，诱杀虫卵。在棉田四周种植早熟玉米，株距 20～25 cm，利用棉铃虫成虫在黎明以后集中在玉米喇叭口内栖息和在玉米上产卵的习性，在玉米大喇叭期每天早晨日出前拍打顶心叶消灭成虫。6 月 30 日至 7 月 10 日，在棉铃虫产卵盛期，清除玉米诱集带，消灭虫卵。③秋耕冬灌、铲埂灭虫蛹。在秋种作物收获后封冻前，深翻灭茬，铲埂灭虫蛹，破坏蛹室，使部分蛹被晒死、冻死，再经冬前灌溉增加湿度，使大部分地中越冬蛹死亡。凡秋季未破埂的田块，开春后结合整地一律进行铲埂除蛹，可有效压低越冬基数。④棉花间作高粱，诱集天敌。在棉田适当种植一些高粱，能够诱集蜘蛛、蚜茧蜂、瓢虫、食蚜蝇等天敌，吞食棉铃虫的卵和低龄幼虫。

（4）采用生物防治　利用天敌、喷施 Bt 制剂、阿维菌素等。

（5）采取化学防治　用药要对路，品种要交替，以免害虫产生抗药性。药剂有 5% 高效氯氰菊酯乳油 1 000 倍液、2.5% 联苯菊酯乳油 3 000 倍液、1.8% 阿维菌素乳油 4 000～5 000 倍液、40% 辛硫磷1500倍液等，喷雾防治。根据棉铃虫的活动习性，以上午10点以前或下午7点以后用药为宜。施药关键期是卵孵盛期，根据棉铃虫在田间的发生实况，及时预测预报卵盛期、孵盛期日期，掌握防治指标：百株累计落卵量达20粒或3龄前幼虫达10～15头时，用药剂喷雾防治。

（四）棉蚜

棉蚜是世界性棉花害虫。1985年棉蚜在吐鲁番首次发生，20世纪80年代中后期，迅速扩展到全疆各植棉区进行危害。目前，不同年际间、不同棉区、不同棉花生长季节，棉蚜均有不同程度发生。棉蚜具有危害时间长、危害重、繁殖速率快、难防治等特点，是制约新疆棉花优质高产发展的主要害虫之一。

1. 发生规律　冬季在不同植物上越冬的棉蚜，春季先在越冬寄主上繁殖一段时间，棉花出土后产生有翅蚜迁飞入棉田，春夏在棉田繁殖危害，秋季又产生有翅蚜飞回越冬寄主上越冬。在南疆棉蚜迁飞入棉田的时间一般在5月上中旬，点片状危害形成在5月中下旬，全田发生则在6月下旬。棉蚜从零星发生到点片状危害发生7～10 d，到全田发生20～30 d，一般在6月下旬或7月上旬棉蚜数量达到最高峰，以后随着气温升高，天敌增多棉蚜数量下降，7月棉蚜大多分散于棉株下部的叶片，7月底至8月初棉蚜数量再度回升，到8月中下旬则形成第二次高峰。气候是影响棉蚜数量消长的关键性因素。干旱少雨较高的温度适合棉蚜发生，且繁殖能力强。据资料分析，苗蕾蚜适宜发生的气温为22～27 ℃，伏蚜为23～29 ℃，秋蚜为16～20 ℃，在气温适宜的情况下，雨水较多或时晴时雨，有利于棉蚜发生。天敌是影响棉蚜消长的另一个重要因素。连续不断喷药、大量天敌被杀伤是棉蚜猖獗发生的主要原因之一。新疆棉田蚜虫天敌种类较多，常见的天敌约有25种，其中以瓢虫类占多数，其他有食蚜蝇、草蛉、蚜茧蜂、盲蝽、绒螨、蜘蛛等。棉田蚜虫天敌一般在6月上旬出现，最初出现时数量较少，直到6月中下旬，即当地小麦成熟时，麦田天敌大量转入棉田，棉田天敌数量急剧增长。在北疆，由于天敌发生盛期与棉蚜发生盛期相吻合，因此天敌对棉蚜跟随性较好，控制力较强。而在南疆，由于天敌发生盛期介于棉蚜2次发生高峰之间，所以天敌对伏蚜跟随性较差，对蕾蚜的跟随性则取决于蕾蚜盛期出现的迟早和来自麦田天敌的多寡。棉蚜在冬天常会寄生在一些植物上过冬，这些越冬寄主有一串红、玫瑰、月季、菊花、石榴、花椒、木槿及黄瓜、芹菜等。据此，对棉蚜越冬寄主进行防控是治标的根本。

2. 危害特点 棉蚜是刺吸式口器，通常集中在棉叶背面、嫩茎、幼蕾和苞叶上吸食汁液，造成棉叶卷缩、畸形，叶面布满分泌物，影响光合作用，使棉株生长缓慢、蕾铃大量脱落。根据发生时间又分为苗蚜（5、6月）、伏蚜（7月）、秋蚜。新疆夏秋两季"伏蚜"和"秋蚜"严重危害棉花。它们集中在棉花叶背、顶心和嫩茎上危害，严重时使顶芽生长受阻造成叶片卷缩、发育迟缓，蕾铃大量脱落，导致严重减产。同时，它们排泄大量蜜露不仅影响棉株光合作用，还会污染棉花纤维，导致含糖量超标，严重影响棉花纺织性能。

3. 综合防治 根据棉蚜发生特点，棉蚜防治在"预防为主，综合防治"的基础上，强调充分利用和发挥自然天敌的控制作用，以增加棉田前期天敌数量入手，辅之以科学合理的化学农药的使用，达到持续控制蚜害的目的。

（1）生物防治 保护利用天敌，充分发挥生物防治作用。

（2）点片防治 对点片发生的棉株可采取拔除和涂抹茎秆办法进行点片防治。

（3）增益控害技术 合理调整作物布局，麦棉邻作可有效增加棉田天敌数量。研究表明，麦收前，麦棉邻作棉田天敌数量百株为97头，而棉棉邻作棉田天敌数量百株为86头，前者比后者多12.8%；麦收后，麦棉邻作棉田每百株天敌为2 496头，而棉棉邻作棉田每百株天敌则为1 944头，前者比后者多28.4%。由此可知，尽可能地使麦田与棉田邻作是增加棉田天敌数量、控制蚜害的有效技术。种植诱集天敌植物，在棉田周围种植油菜，地头和林带种植苜蓿，可有效增加棉田前期天敌数量，有效控制棉蚜危害。研究表明，地边种植油菜的棉田天敌数量是未种植油菜棉田天敌数量的1.5倍。

（4）保益控害技术　采取隐蔽施药方法，采用内吸性农药以点片涂茎的方法加以控制，既可有效控制棉蚜数量，又可最大限度地保护田间天敌生存发展。合理控制化学农药使用，防治虫害时，采用生物农药尽量减少对天敌的杀伤。

（5）化学防治　根据益害比，当益害比超过 1：150，卷叶率＞30％时，可考虑化学喷雾防治。

（五）棉蓟马

棉蓟马的发生危害日益加重，对棉花产量影响较大，已成为新疆棉花主要害虫。

1. 发生规律　蓟马喜欢干旱，最适宜的温度为 20～25 ℃，以25 ℃最为有利，当气温为 27 ℃以上时对其有抑制作用。相对湿度40％～70％、春季久旱不雨是棉蓟马大发生的预兆。棉蓟马一般在棉花出苗后，陆续侵入棉田危害，躲在叶背面边缘取食。棉蓟马危害主要表现在棉花苗期和花蕾期。新疆棉区一般在 5 月下旬结束危害。

2. 危害特点　蓟马成虫和若虫多集中在棉株嫩头和叶背面吸取汁液，棉花受害后，子叶肥厚，背面出现银白色的小斑点，生长点焦枯，造成多头棉、公棉花、破叶状和受害处出现锈斑等。危害严重者，造成缺苗，使棉株生育期推迟，结铃少而减产。花蕾期棉蓟马主要在盛开的花中危害，刺吸柱头，量大时影响棉花的受精过程，使棉花产生无效花并脱落，影响棉花早成铃及秋后盖顶桃，从而影响棉花的产量。

3. 防治措施　早春做预防性喷药防治一次，一般选用吡虫啉、啶虫脒类农药，或与菊酯类（如高效氯氰菊酯、功夫菊酯）、有机磷类农药混用防治。也可采取对症药剂拌种防治。在棉花出苗至 3 片真叶期，进行一次预防性防治，采取喷药防治。花期，当每朵花中虫量达百头以上就必须进行防治。否则就会引起蕾铃大量脱落，对产量造成较大影响。选择对天敌比较安全的农药进行防治，如赛丹等。

（六）棉盲蝽

棉盲蝽有 6 种：绿盲蝽、中黑盲蝽、三点盲蝽、苜蓿盲蝽、赣棉盲蝽和牧草盲蝽。新疆棉盲蝽主要有牧草盲蝽和苜蓿盲蝽两种。新疆盲蝽以牧草盲蝽为主，是棉花的重要害虫之一。

1. 发生规律 新疆盲蝽以牧草盲蝽为主，一年发生 3～5 代，6 月大量迁入棉田危害，长绒棉田由于生长较快，前期虫口比陆地棉多，受害较重。地膜棉花在 5 月下旬至 7 月上旬为棉盲蝽危害盛期，雨水偏多是盲蝽大发生的重要诱因，特别是 6 月雨量偏多、湿度大，棉苗嫩绿旺盛，盲蝽产卵多，繁殖快，虫量大，危害重。盲蝽具有"趋嫩、嗜蕾、怕光、善飞"的习性。棉盲蝽喜欢危害棉花幼蕾，因此，棉花现蕾的早晚、多少和现蕾期的长短，与棉盲蝽的发生危害有密切关系。现蕾早而多、现蕾期时间长的棉花，盲蝽危害也早，且严重，持续期长。含氮量高的、棉株生长好的一类棉花盲蝽数量就多，危害重，生长差。

2. 危害症状 盲蝽主要危害棉花嫩头、嫩叶及花蕾等部位，在蕾花期危害较重。嫩头受害，形成多枝的乱头棉，称之为"破头疯"。嫩叶受害，造成烂叶，称之为"破叶疯"。盲蝽以刺吸式口器，刺吸棉株嫩头幼芽生长点和幼嫩花蕾果实的汁液，造成枝条疯长，引起棉蕾脱落，结铃稀少。幼芽受害，造成"枯顶"。幼蕾受害，干枯呈黑色。大蕾受害，苞叶张开枯黄。幼棉铃受害，僵枯干落。地膜棉花在 6 月上旬至 7 月上旬为盲蝽危害盛期，致使棉株 2～5 台果枝的棉蕾脱落，尤其是造成内围铃，即果枝第一节位的蕾铃大量脱落，导致棉株中部果枝、第一果节棉铃稀少，即棉株"中空"，而造成旺长。严重时，可使 6 月的棉花形成无蕾棉株，对棉花的生长发育和产量形成影响极大。

3. 防治技术 盲蝽具有"趋嫩、嗜蕾、怕光、善飞"的习性，应采用"晴天早晚打，阴天全天喷施"的防治措施。阿维菌素、吡虫啉、辛硫磷、毒死蜱、氟虫腈等是较好的农药品种。

二、新疆棉田主要益虫

棉花害虫天敌种类繁多，控制害虫的潜能大，对它们采取多种措施加以保护，促进增殖和利用，是控制棉花虫害的重要途径之一。捕食性天敌主要有瓢虫、草蛉、食虫蝽和食虫蜘蛛四大类。七星瓢虫、叶色草蛉、华姬猎蝽、小花蝽、草间小黑蛛在不少棉区均是优势种，且能捕食棉蚜、棉铃虫等多种重要害虫。寄生性天敌主要有各类寄生蜂，姬蜂、蚜茧蜂、赤眼蜂常占优势。有些种类通过人工饲养释放，可提高其控害作用。

新疆棉田主要益虫有：蚜茧蜂、棉铃虫寄生蜂（赤眼蜂）、草蛉类（中华草蛉）、瓢虫类（七星瓢虫）、食虫蝽类。这些益虫都是新疆棉田害虫的天敌，可控制棉田害虫的发生和危害，在防治害虫时注意保护这些益虫。

三、抗虫棉虫害防治

抗虫棉不是完全不用防治虫害。在同样条件下，抗虫棉一般较非抗虫棉蕾铃危害可减轻 80％左右，防治指标较非抗虫棉高，一般情况不需防治。但在棉铃虫大暴发情况下，棉铃虫数量远远超过抗虫棉防治指标时，也需要采取辅助防治措施。另外，抗虫棉不抗蚜虫、棉叶螨等类害虫，当棉田发生危害时要及时防治。

还需注意，Bt 抗虫棉也禁止使用 Bt 农药，防止棉铃虫产生抗性。

第四节　主要草害及防治措施

一、新疆棉区杂草

棉田草害种类较多，主要杂草有 20 多种，有窄叶和阔叶，也有一年生和多年生。新疆是大陆性气候，昼夜温差大，光照充足，降雨量少，属于灌溉农业区，棉田杂草以耐旱、耐盐的杂草为主。

据报道，新疆棉区杂草有20科56种，发生量大的杂草主要有禾本科的马唐、稗草、狗尾草、画眉草、金色狗尾草、芦苇、藜、灰绿藜、小藜、苍耳、田旋花、苘麻、野西瓜苗、反枝苋、凹头苋和龙葵等。新疆棉区优势杂草有田旋花、灰绿藜、反枝苋、野西瓜苗、马唐、龙葵、芦苇、扁蓄、苍耳、芦苇、狗尾草、三楞草等。

新疆棉花杂草消长规律，棉花覆膜后，15 d左右即形成第一次出草高峰，6月滴灌放水后，由于土壤表面湿润，6～7月形成第二次出草高峰，杂草在立秋后短时间内很快开花结子，成为翌年杂草来源。

杂草对棉花的危害：主要表现为与棉花抢占空间挤压棉花、造成棉花生长细弱和蕾铃脱落，是棉花虫害的滋生源地，扎破地膜、影响保温和保墒效果等。

二、主要杂草种类及发生特点

1. 马唐 禾本科一年生草本，种子繁殖。种子长椭圆形，淡黄色，约3 mm长。幼苗全体被毛，第一叶长，暗紫色，第二叶渐长，叶鞘松弛，叶舌膜质，顶端钝圆，无叶耳。总状花序3～4枚，指状排列。小穗披针形，成对着生。4月底至5月初出苗，5～6月为出草高峰期，7月份开始抽穗，种子于8～10月成熟落地，越冬休眠后萌发。

2. 稗草 禾本科一年生草本，种子繁殖。种子椭圆形，顶端钝。叶片条形，叶脉灰白色，叶鞘基部有毛，无叶舌，叶片无毛。圆锥花序主轴具角棱，粗糙；小穗密集于穗轴的一侧，具极短柄或近无柄。形状似稻但叶片毛涩，颜色较浅。4月底开始出苗，5月中旬为出草高峰。7月上旬抽穗，8月初开始成熟，成熟期极不一致，种子边熟边落。

3. 狗尾草 禾本科一年生草本，种子繁殖。种子矩圆形，顶端钝。叶片条披针形，背面光滑，正面粗糙。叶鞘光滑，叶舌呈纤毛状。圆锥花序呈圆柱形，小穗椭圆形。4月底出苗，5月中下旬为出草高峰，6月下旬至7月上旬抽穗开花。种子于7～9月成熟。

全生育期 75 d 左右。

4. 马齿苋　马齿苋科一年生肉质草本，全株无毛。以种子繁殖为主，植株断体也能生根存活。叶互生，叶片扁平，肥厚，似马齿状，上面暗绿色，下面淡绿色或带有暗红色；叶柄粗短。蒴果，种子卵球形，种子细小，偏斜球形，黑褐色，有光泽。茎自基部分枝，平卧，肉质绿色或紫红色，单叶互生或对生，全缘肉质，先端钝圆或微凹，光滑无毛。花簇生，枝顶无梗，花瓣 5 片、黄色。4 月底至 5 月出苗，5～6 月为出草高峰期，5～8 月为花期，6～9 月种子开始成熟，边熟边落。

5. 灰绿藜　黎科一年生草本，种子繁殖。胞果扁圆形，伸出花被外，暗褐色。幼苗全株光滑无毛。茎通常由基部分枝，平铺或斜升；有暗绿色或紫红色条纹，叶互生有短柄。叶片厚，带肉质，椭圆状卵形至卵状披针形，长 2～4 cm，宽 5～20 mm，顶端急尖或钝，边缘有波状齿，基部渐狭，表面绿色，背面灰白色、密被粉粒，中脉明显；叶柄短。北方于 3 月上旬发芽出草，4～5 月为出草高峰期，6～8 月为花期。种子于 8 月开始成熟，边熟边落。

6. 苍耳　菊科一年生草本，种子繁殖。根纺锤状，分枝或不分枝。茎直立不分枝或少有分枝，下部圆柱形，直径 4～10 mm，上部有纵沟，被灰白色糙伏毛。叶三角状卵形或心形，长 4～9 cm，宽 5～10 cm，近全缘，或有 3～5 片不明显浅裂，顶端尖或钝，基部稍心形或截形，与叶柄连接处成相等的楔形，边缘有不规则的粗锯齿，有三基出脉，侧脉弧形，直达叶缘，脉上密被糙伏毛，上面绿色，下面苍白色，被糙伏毛；叶柄长 3～11 cm。雌雄同株，雌花序在雄花序下方。4 月下旬发芽出草，5～6 月为出草高峰期，7～9月开花，8 月果实陆续成熟。

三、棉田杂草防治

（一）耕作措施

耕作措施包括深翻、松土、中耕、培土等。通过这些操作，将已出土的杂草直接消灭。近年来研究表明，免耕措施可以使杂草种子90%左右集中在0～3 cm的表土里，容易随剧烈的微生物活动而使种子丧失活力，且也有利于采取化学方法防除大量杂草。通过深翻使其杂草种子翌年不能萌发出苗，同时，可切断地下根茎或翻于地表暴晒而亡。

（二）轮作倒茬

合理轮作改变其生态环境，可明显减轻杂草危害，这是生态防治杂草的重要手段。多年连作棉花都有一些相伴杂草滋生，并且形成一定的群落，且数量逐年增多。采用不同类型的作物轮作倒茬，可以减少原有杂草种类群落，经常合理轮作，可使杂草一直控制在防除指标以下。

（三）化学除草

我国棉田化学防除的发展从单子叶类杂草开始，进而到防除双子叶类杂草。近年来，随着化学药剂的改进，正逐步做到一次性施药防除单子叶、双子叶两类杂草危害，加快了化学除草的发展。

1. 化学除草剂的类别　目前，棉田化学防除杂草的药剂大体上可以分为两类：一类为播种前用除草剂对土壤进行封闭处理，如氟乐灵、拉索、朴尔、敌草胺、丁草胺、乙草胺、除草醚、伏草隆、利谷隆、敌草隆、除草通、毒草胺、地乐胺等；另一类是棉花出苗后施用除草剂处理茎叶，如稳杀得、拿捕净、盖草能、禾草克、枯草多、草甘膦、克芜踪等。

2. 化学除草剂的使用方法　棉田化学除草使用方法主要有3种。

（1）播前土壤处理　整地后播种前，可以使用48%氟乐灵乳油1 500～2 250 mL/hm² 兑水300 kg后，均匀喷于地表，然后立即耙耱混土3～7 cm深，既可播种。沙土地用药剂量轻一些，壤土地用药剂量高一些。

（2）播后苗前土壤处理　在棉花播种后出苗前，可以选用43%拉索乳油3 000～4 500 mL/hm² 兑水300 kg后均匀喷于土壤表面，或选用40%氟乐灵1 500～2 250 mL/hm²（必须混土使用）、48%地乐胺2 250～4 500 mL/hm²（必须混土使用）、33%除草通

2 250～4 500 mL/hm²、48％甲草胺 3 000～6 000 mL/hm²、20％敌草胺 3 000～4 500 mL/hm²、60％杀草胺 1 050～1 200 mL/hm²、50％扑草净 2.25～3 kg/hm²。

（3）苗后茎叶处理　在禾本科杂草 2～5 叶期，每公顷兑水300～450 kg 定向对杂草茎叶成株喷雾。适用药剂有如下几种：20％拿捕净 1 275～1 500 mL/hm²、35％稳杀得 750～1 050 mL/hm²、12.5％盖草能 600～900 mL/hm²、10％禾草克或 5％精禾草克900～1 200 mL/hm²。对多年生的禾本科杂草用药剂量可稍多一些。棉花进入现蕾阶段后，植株高度 30 cm 以上，田间单、双子叶杂草在 2～4 叶期最适宜用草甘膦及克芜踪等药剂进行茎叶处理。其用量：单、双子叶杂草 4 叶以前，用 10％草甘膦钠盐水剂 3 L/hm²，4～6 叶时用 3～3.75 L/hm²，6 叶以上用 6～7.5 L/hm²，加水 600～700 kg，或 20％克芜踪水剂 4.5～6.0 L/hm²，加水 600～750 kg。这两种药剂属于灭生性除草剂，棉花叶片如沾到药剂会发生药害。施药时，在喷头上加防护罩或进行定位定向喷雾，避免药害。草甘膦施药后，在 4 h 内降雨会影响药效，需补施。

3. 棉田化学除草安全与常用除草剂　棉田化学除草首先要保证对棉花的安全。据此，要掌握好除草剂的特性和施用技术，根据不同生育期确定除草剂品种和施药方法，并根据环境条件变化改变用量和浓度。同时不要长期、单一使用某一药剂品种，防止杂草产生抗药性。

第五节　棉田农药的使用方法及药害防治

一、棉田农药的使用方法及注意事项

近年来，农业生产发展迅速，一些新的农药品种、剂型相继问世，农药品种结构发生了重大的变化，在这种新形势下，如何选好药、用好药最为重要。

棉田农药使用方法主要有：喷雾法、土壤处理、拌种法、涂抹法、毒饵法、熏蒸法。

选择农药时禁止使用高毒农药，如棉花棉铃虫、棉蚜及棉叶螨用药以菊酯类（氯氰菊酯、溴氰菊酯、高效氯氟氰菊酯等）、烟碱类（吡虫啉等）、阿维菌素类（阿维菌素、甲维盐阿维菌素等）以及杀螨剂等为主，可选择品种较多。有机磷、有机氯类多为高毒，其中甲拌磷（3911）、久效磷等已禁用，铁灭克毒性也较高，属于禁用类。

农药在使用时要注意农药的剂型、作用特点以及是否能与酸碱性农药、肥料混用。同时，要根据是否具有内吸性，来决定使用方式，如拌种、根施或涂茎等。

二、棉花药害及防治

药害是指用药后使作物生长不正常或出现生理障碍，造成生长发育受损，表现出各种不正常发育症状的现象。

（一）棉花药害表现

棉花药害主要有两种表现：一是急性药害，通常表现在棉花的叶和花蕾出现烧伤、畸形，棉叶枯焦脱落、落花、落果，这种药害易被发现，也能及时避免；二是慢性药害，在喷药后经过较长时间才发生明显反应，棉株外观无明显特征，但棉株内生理已发生紊乱，有机物质供应失调，棉花花蕾越来越小，长出后又脱落，这种恶性循坏造成的损失无法弥补。

（二）棉花药害预防

为防止棉花产生药害，应对症下药、适时用药、准确用药、合理交替用药、均匀用药等。做到：①使用农药需先做试验，各种农药对害虫杀灭作用各不相同，需要试验后掌握准确的使用浓度和用药量。②统一调配农药的浓度，否则容易造成药液的浓度过大，产生药害。③防止长期使用单一的药剂品种，应尽量采取各种农药交替使用，使害虫无法对某种农药产生抵抗能力。④均匀喷药，不留死角。采用压缩式喷雾器时，扩大喷雾范围，防止雾滴过大，使棉花受害。

（三）药害后的补救措施

　　长期使用除草剂或用量过大，使用不当，棉苗易发生药害和积淀药害，棉花根系生长不良，抑制棉花生长发育，致畸、褪绿、坏死。出现除草剂药害时应立即全株喷施 600 倍 2116 天达＋3 000 倍 99％恶霉灵＋200 倍红糖＋500 倍尿素＋1 500 倍有机硅液，缓解药害效果显著。棉花具有较强的自我调节、自我补偿能力，所以在发生药害以后，应加强田间管理，促进新的叶片以及蕾、花、铃的生长，增加单株结铃数和铃重，将药害所造成的损失降到最低。

第十三章

棉花生长异常及诊断

一、棉花生长异常的定义

棉花生长异常是指棉花生物体（根、茎、叶、蕾、花、铃等器官）及其内部各种代谢（光合产物、蛋白质合成、降解、呼吸的变化）在生长发育过程中偏离正常状态的现象。一是外因，表现为作物体形态的偏离；一是内因，表现为机体内部各种代谢的偏离。无论是哪种异常，都会给棉花生产和棉农收入带来较大损失，特别是在有害生物和非生物胁迫发生的极端年份，造成的损失难以估量。

二、棉花生长异常科学诊断方法

诊断是根据观察结果做出的判断，即由观察结果提出假设，然后对假设的正确性进行试验验证，从而提出防治措施。概括地说诊断是对多种原因的假设进行验证，明确主要原因、真实结果的过程。棉花生长异常诊断就是对生长的异常现象进行观察，分析可能引起异常现象的原因，从而对异常现象提出可能有效的对策。获得正确的诊断结论、判断引起异常的正确原因、提出有效对策是诊断的前提和关键。假设的正确性与否要用防治措施进行验证，防治措施能够减轻或抑制异常现象，说明假设是正确的，反之说明假设是不正确的。诊断的正确性就是假设的正确性。如作物生长发育出现异常现象，通过土壤分析发现土壤中含有大量钾元素，据此诊断为钾过剩症，再如作物生长发育出现某种障害，通过分析症状部位特征，认为是缺钙引起，从而主观的诊断为缺钙症，由此采取减施钾肥和增施钙肥措施，但都没效果，就说明假设是错误的，也就说明诊断是错误的。这种诊断的错误在于没有对钾过剩和缺钙的假设进行验证，属于不科学的诊断。棉花诊断过程中生长异常现象的症状相同相似，但原因不同的情况经常出现，因此必须进行科学诊断，必须进行验证，必须满足验证条件。

三、棉花生长异常诊断程序

棉花生长异常诊断程序要科学。诊断的第一步是要区别引发生长异常的各种障害。导致棉花生长异常的障害有多种。棉花生长异常是生物胁迫所致还是非生物胁迫所致，是侵染性还是非侵染性要作全面调查。①全面调查相关田块及相邻田块障害的发生情况，通过走访了解障害发生的经过、上一年及前茬生长情况、品种、管理、用药种类数量情况；②把握发生生长异常田块的土壤条件；③观察植株个体情况，对症状及症状部位进行详细调查，由此作出相关判断，以区别各种障害。比如侵染性病害在田间多以点状、片状分布，个体之间受危害的程度差异较大，随着时间推移，条件适宜情况下，在田间迅速扩散蔓延；由病虫害、气象灾害引起的障害异常可能性较大，一般在同一地区、多种作物或特定作物同时产生同样症状，而只在同一地块均匀发生某种障害与肥料的缺乏、过剩、供给失调等营养障害或除草剂、杀虫剂、杀菌剂生长调节剂等引起药害关系较大；由病菌引起的病害，常常在根、茎的维管组织会发生褐变，叶部位、铃组织会找到引起障害的原因。需要注意的是，棉花生长异常诊断会遇到各种困难。因为产生生长异常的外观症状常常相似，而原因是多种的（土壤、生物、非生物等因素），因此诊断时要同时考虑这3个方面，全面了解相似的生长异常现象，正确判断引起异常的原因，否则会导致不全面或错误的诊断。

四、棉花生长异常原因及分类

棉花生长周期长，整个生长期为6～7个月，其间导致棉花生长出现异常的原因有多种。

根据引发生长异常原因的性质分类，分为不利的环境因素、技术因素（技术的使用不当、不规范、不到位等）和人为因素（错配药剂、植物生长调节剂、机械清洗不到位等）。

根据引发生长异常的障害种类分类，分为生物因素和非生物因素胁迫。生物因素胁迫包括病虫害等，非生物因素胁迫包括土壤障害、药害、灾害、营养障害等。其中，各种障害持续发展导致生理机能受损，则演变成生理障害。

根据引发生长异常原因的主次分类，分为内因、外因。外因主要指存在于棉花植物体之外，而与障害有关的因素，主要包括气象环境（光、温、水、气等）和土地条件（地形、土壤类型）。土壤化学因素：土壤的 pH 异常、高盐浓度、各种养分缺乏或过剩、有害元素的存在；土壤物理因素：土壤过干、过湿、板结等引发的透水性、透气性差；药剂：杀虫、杀菌、调节剂、激素、除草剂的误用、错用、残留等；农业生产资料：未腐熟肥料等；环境污染：重金属污染（铜、镉、砷、锌等）、大气污染（二氧化硫）、水体污染（有害有机物）；病虫害：各种病原菌和害虫；营养障害：某一营养元素在土壤或植物体内含量的异常。

引发生长异常的主要因素：气候因素有霜冻、低温冷害、倒春寒、高温、热害、干热风、干旱、大风、沙尘暴、冰雹、雨涝、冷态年型、过快的秋季降温、过短的无霜期、不足的热量（阶段性不足的积温、器官组织发育的三基点温度、过低的夜温）、不足的光照（连续的阴雨寡照、通风透光差的郁闭田间环境）、不足的透气性（土壤板结、田间郁闭通风差）。土壤因素有盐碱、重金属污染（铜、镉、砷、锌等）、板结、过湿过干的土壤、质地黏重的土壤、保水保肥差的土壤、养分缺乏或过剩的土壤、地膜残留多的土壤、次生盐渍化的土壤。农艺因素有对环境不适应过敏感的品种、不适宜的耕作方式、灌溉方式、种植密度、种植模式、不合理的播种肥水调控、化学调控、机械物理调控和病虫害防治措施等。营养因素有肥害、未腐熟肥料、不足或过剩的氮、磷、钾、钙、镁、铁、硼、锰、锌、铜、镍、钼等。病虫草害因素有棉花苗期的立枯病、炭疽病、猝倒病、轮纹斑病、褐斑病、角斑病、茎枯病；成铃期的炭疽病、曲霉病、角斑病、棉铃疫病、棉铃红腐病、棉铃红粉病、棉铃黑果病、棉铃灰霉病、棉铃软腐病和新发裂铃病（裂果病）；生长期的棉花枯萎病、黄萎病、角斑病。主要虫害有棉铃虫、棉蚜、棉红蜘蛛（棉叶螨）、棉蓟马、棉盲蝽、地老虎等。主要草害有马唐、稗草、狗尾草、画眉草、金色狗尾草、卢苇、藜、灰绿藜、小藜、苍耳、田旋花、苘麻、野西瓜苗、反枝苋、凹头苋、龙葵等。

五、棉花生长异常主要表现

棉花生长异常主要表现为地上部主要器官和内在生理代谢的异常。棉花生长异常现象贯穿棉花生长一生。在棉花不同生长发育阶段和不同组织器官中均有发生。棉花生长异常主要表现在器官组织形态上的异常，如表现为枝叶或植株枯萎、皱褶、畸形黄化（缺钾、缺铁、磷过剩或低温障害）、白化、萎蔫、变红、变暗、变老；生长点停止生长或畸形；花器、苞叶、棉铃畸形；幼铃裂果；茎倒伏、矮化、簇生；根腐烂（根腐病、线虫）、表皮异常粗糙膨大（根腐病、线虫、缺硼、除草剂）、剖面黑色褐色（缺硼、黄萎病、各种土传病害、渍害、盐害）；器官、组织的坏死等。

六、棉花生长异常防治措施

防治措施制定要科学。防治措施要有针对性、全面性、配套性、实用性。要从品种、土壤、肥水、化控、管理、病虫草害发生与防治、栽培、打顶、药剂、天气、棉花生长状况等方面全面制定防治措施。要充分利用棉花生长发育特性，综合考虑各方面因素，综合施策，科学施策。

防治措施要本着营造有利棉花生长的适宜气候条件（适宜播期的确定、生长发育期与高能辐照期的同步、通风透光等）、疏松、透气、保水、保肥、墒度适宜的土壤条件，有害生物少的生物环境等。避免和减少生长异常发生，将异常发生的损失降至最低。据此，防治措施要做到预防为主，建立长效机制，加强技术、人才、装备和农业基础设施建设。建立各种灾害性预测预报、人工干扰气候技术、农田防护林灌溉排盐碱渠道标准农田建设、人才培训和科普建设、形成促早熟技术、抗逆品种选育和恢复生长的技术体系。

特别需要注意的是，由于农业生产环境复杂，很多生长异常现象可能是多重原因所致，加之导致生长异常的外观症状常常相似，所以棉花田间生长异常诊断具有较大难度，因此，力求全面分析验证，从整体环境看问题，不能简单地根据现象进行诊断判断，不能武断、不能以偏概全，要全面分析验证导致异常现象的原因、因素，综合分析判断，才能提出有效对策，这样的诊断和防治才有意义。

七、棉花苗期生长异常诊断及防治

苗期棉花生长异常表现有：旺苗、弱苗、高脚苗、僵苗、烂根、多头棉、公棉花、破叶棉、死苗、病苗等。

苗期棉花诊断指标：子叶节高度、主茎日增长量、出叶速度、高宽比、叶位、叶色等。

苗期棉花生长异常诊断：①低温、冷害、倒春寒、大风、冰雹等不利气候因素会导致棉苗弱苗、僵苗、烂根等。②土壤过湿、土壤质地黏重板结、土壤盐碱重、土壤次生盐渍化、土壤病菌等土壤障害会导致棉苗死苗、弱苗、僵苗、病苗、根系下扎不利等。③高温、高湿及化控不及时等气候与土壤和管理不到位综合作用会引发高脚苗、旺苗。④病虫害、真菌性病害会引发破叶棉、死苗、烂根等。

苗期棉花生长异常防治措施：根据不同因素引发的生长异常，科学施策。①做好化学调控（化控）。针对旺苗或僵苗，利用赤霉素、缩节胺等化学生长调节剂（激素）进行调控。化学调控一般掌握轻、勤、早的原则，即少量多次，早为宜。②做好机械物理调控。针对低温、冷害、土壤板结、旺长、晚发等问题，通过中耕、揭膜等方式进行调控。③叶面肥的调控。针对弱苗、僵苗等，利用尿素、喷施宝等水溶液进行叶面喷施调控。④病虫害防治。出苗后，及时防治棉蓟马、地老虎、盲蝽、棉花烂根病等，防止死苗、缺苗、多头棉、破叶棉产生。

八、棉花蕾期生长异常诊断及防治

蕾期棉花生长异常主要表现为生殖生长与营养生长不协调，即营养生长过旺徒长或营养生长过弱、发棵慢、苗架过大或过小、棉株过于高大、小行过早完全封行，棉株过于矮小（开花时株高<40 cm）、小行不封行，生殖生长现蕾推迟、蕾少、蕾小或生长点花蕾集中簇拥在一起形成蕾包叶状态（正常应为叶包蕾），棉花节间紧缩或过长、主茎节间长度<3 cm 或节间长度>7 cm，叶色鲜嫩或黑绿无光泽或叶片黄化、出叶速度明显大于或小于 0.2 片/d、叶面积<1 或>1.5，主茎日增长量明显大于或小于 1.26 cm/d 时，棉花趋光性差、花蕾干枯脱落、破叶疯、破头棉等，都是蕾期棉花生长异常的表现。

蕾期棉花生长异常主要诊断指标：棉花叶色、趋光性、中午高温萎蔫后傍晚叶片张力的恢复度、出叶速度、蕾量、蕾大小、蕾叶生长关系、蕾脱落、红茎比、主茎日增长量、节间长度、蕾叶生长点受害程度等。

蕾期棉花生长异常诊断：①高温、高湿（田间持水量85%）、土壤肥力高、地下水位高及化控不及时管理失调等综合因素会引发营养生长过旺、植株高大徒长、株间郁闭，通风透光不良。②土壤墒度差（棉田土壤持水量<65%）、肥力低、土壤质地黏重板结、土壤盐碱重、土壤次生盐渍化、土壤病菌等土壤障害会导致营养生长慢、发棵小、苗架小。③盲蝽、蚜虫、枯黄萎病、雹灾等病虫自然灾害会引发破叶棉、破头棉、叶黄化干枯、蕾干枯脱落等。④棉田营养障害会引发各种缺素症状。⑤蕾期阶段少阳光，丰产架子搭不好。

蕾期棉花生长异常防治措施：根据不同因素引发的生长异常，科学施策。①做好化学调控（化控）。5月下旬至6月中下旬的蕾期，不宜过早浇水追肥，对于此期茎细、茎长、茎高的旺苗蕾少棉花，主要采取缩节胺化学调控。②叶面调控。对于5月下旬至6月中下旬的蕾期棉花，此期如果枝短、枝慢、茎矮、苗弱，利用尿素、喷施宝等水溶液进行叶面喷肥调控。③做好盛蕾期肥水调控。盛蕾期是棉花对肥水比较敏感的时期，也称为棉花变脸期。此期应根据棉花长势长相和土壤肥力、含水量，确定头水时间是推迟还是提前、是否追肥及数量。④做好盲蝽和蚜虫的预防工作。蕾期是盲蜻、蚜虫主要发生期，防止蕾咬、蕾掉。⑤蕾期是新疆雹灾频发期，应做好雹灾的预防工作。

九、棉花花铃期生长异常诊断及防治

花铃期棉花生长异常主要表现：疯长、早衰、落铃、假旱、铃病、烂铃、晚熟等。

花铃期棉花生长异常主要诊断指标：群体叶面积、冠层结构、群体透光性、群体底部光斑面积、封行早晚、铃叶受光量、花位进程、成铃率、烂铃情况、伏前桃伏桃秋桃比例、群体光合能力、耐密性、弱株比例、土壤持水量，以及枯黄萎病、棉铃虫、红蜘蛛等病虫发生危害情况等。

花铃期棉花生长异常主要原因：既有单一因素，又有多种因素综合作用。①技术原因。没有按照棉花栽培技术规程合理进行肥水、化学、机械物理（揭膜打顶中耕）调控，棉花肥水、化学、机械物理调控的时间强度失调所致。②光照不足。连续阴雨寡照天气和棉田群体过大导致的棉田通风透光差、群体光合能力弱、耐密性差。特别是新疆高密度种植棉花，生长异常棉田封行过早，中、下层叶片光照条件恶化，部分棉叶经常处于光补偿点附近，铃叶受光量差，难以满足蕾铃发育要求。少阳光，脱落严重、成铃少是花铃阶段生长异常的主要表现。③不利的环境条件如干旱、灌溉量不足。花铃期棉花温度高，生长旺盛，需水达高峰，阶段需水量占总需水量的一半以上，水分耗损以叶面蒸腾为主，土壤水分以田间持水量的 $70\%\sim80\%$ 为宜，过少会引起早衰，过多棉株徒长，增加蕾铃脱落数量。④灾害性天气。花铃期冰雹等造成茎叶棉铃受损。⑤病虫危害。棉花黄萎病、棉铃虫、蚜虫、红蜘蛛危害。

花铃期棉花生长异常防治措施：①根据土壤持水量、天气、棉花长势长相有针对性地进行肥水化学调控。正常棉田，采取以重水、重肥、轻化控为特征的技术调控措施，做到肥、水、温三碰头，避免高温热害引起的弱株、顶空问题。旺长棉田，采取以控为主，稳水、稳肥、重化控为特征的组合技术调控措施，及时采取化控、水控、肥控、机械物理调控，减少滴灌频次、降低滴灌强度和施肥强度，具体滴灌追肥间隔周期根据实际确定。同时做好化控，控制果枝枝尖生长，特别是在 8 月上旬的断花期，塑造合理群体结构，保障叶面积指数（LAI）逐渐回落，合理分配干物质，促进棉株生长中心由源向库的转移，提高同化物利用率，避免因技术强度过强造成的营养生长旺盛、结构大、通风透光差等问题。早衰棉田和正常棉田一样采取以重水、重肥为特征的技术调控措施，满足花铃期棉花对肥水的大量需求。注意中后期加施硼、锌微肥，同时做好叶面调控，塑造合理群体结构、保障叶面积指数（LAI）和叶功能回落下降慢，增加干物质积累，延缓衰老。②做好病虫害防治。主要是棉铃虫、红蜘蛛、棉铃病的危害（见病虫害防治）。③做好雹灾预防工作。

十、棉花吐絮期生长异常诊断及防治

棉花吐絮期生长异常表现：①贪青晚熟。晚秋桃比例高，铃期长（铃期延长到 60～70 d，甚至更长），棉铃开裂吐絮慢，吐絮不畅，无效铃比例高。北疆 9 月初未见吐絮，南疆 9 月中旬未见吐絮，棉花群体过大。群体叶面积光合速率回落下降缓慢、田间郁闭、赘芽多、侧枝还在开花、营养器官偏嫩等。②棉花早衰。植株矮小，叶片褪绿或出现红叶或叶片过早枯萎或有病斑，棉花光合速率明显下降，营养器官偏老，出现二次生长，8 月下旬过早吐絮等。③出现落铃、干铃、烂铃和叶病。④倒伏。

棉花吐絮期生长异常原因：①低温寡照多阴雨的不利气候条件。吐絮期棉花需要较多的日照时数、较强的光照强度、较高的空气温度和株间温度、较低的大气和棉田空气湿度。相反，连阴雨、寡照、温度低、棉花群体大、株间光照差、田间土壤持水量大、低温高湿，都不利于加速碳水化合物的形成、积累和转移，也不利于促进脂肪和纤维素的形成、积累及铃壳干燥开裂吐絮。当日平均气温低于 16 ℃纤维停止生长，日平均气温低于 21 ℃纤维素淀积加厚趋于停滞，纤维素在棉纤维中的淀积和油脂在种胚中积累发生障碍，晚秋桃生长受到抑制，表现为铃期长、吐絮慢、吐絮不畅、铃重轻。当出现日平均温度降到 10 ℃ 以下的天气，棉株停止生长。新疆 9 月中下旬经常出现的低温冷害、田间郁闭湿度较大、透光差，都是延迟吐絮、吐絮不畅易烂桃的主要原因。②停水晚、地力强、肥水投入足、化控强度不够导致群体叶面积回落慢、光合速率下降慢、叶功能期长、叶色褪绿慢，造成棉花贪青晚熟。③土壤持水量过低（＜60％），环境干燥，肥力低，后劲不足，加重早衰，影响棉籽正常发育。④土壤缺素，如缺钾等。⑤病虫危害，如铃病、秋蚜、棉铃虫、蓟马等。

吐絮期棉花生长异常诊断指标：絮位快慢、铃系质量、叶面积回落、叶色、群体光合速率、光照、土壤持水量、9 月夜温等。

吐絮期棉花生长异常防治措施：①针对贪青晚熟棉田。可采取包括人工整枝，去除侧枝、二次生长的枝叶赘芽，推株并拢，喷施乙烯利、脱落宝等催熟脱叶剂等措施；8 月下旬停水，提早停肥。②针对早衰棉田可推迟停水至 8 月底至 9 月初，保障土壤持水量在 55％～60％，喷施叶面肥等措施。③喷施杀菌剂和药剂防治铃病。各种措施要做到早防、及时、高效、有效，不要拖延。

十一、棉花叶生长异常诊断及防治

棉花叶生长异常症状：①出叶速度过快或过慢，苗期叶龄日增长量＞0.35 片或＜0.2 片，蕾期叶龄日增长量＞0.3 片、或＜0.15 片，花（花铃）期叶龄日增长量＞0.2 片或＜0.1 片。②叶量过大过繁茂，叶片数＞25 片，总叶面积指数＞4.5，各时期叶面积大于适宜叶面积，苗期叶面积指数＞0.3、现蕾初期叶面积指数＞0.5、盛蕾期叶面积指数＞1.0、初花期叶面积指数＞1.5、盛花期叶面积指数＞2.0、盛铃期叶面积指数＞3.0、铃期叶面积指数＞4.0、盛铃后期至吐絮期叶面积指数＞3.5。③小叶、叶黄化、卷曲、干枯、变黑、变红、变紫。④叶畸形。由阔叶掌状叶变为鸡脚叶。⑤叶片萎蔫。

棉花叶生长异常主要原因：①导致出叶速度、叶量生长异常的原因包括有品种、低温高温天气、肥水化控管理的失调、盐碱或次生盐渍化。②导致小叶、叶黄化、卷曲、干枯、变黑、变红、变紫的原因有病虫害、缺素、干旱、肥害、低温冷害等。③导致叶畸形的原因有药害。④导致叶萎蔫的原因有干旱、土壤持水量不足、次生盐渍化、根腐等。

棉花叶生长异常防治措施：①采取促进或控制叶生长的措施。如缩节胺、叶面肥、植物生长调节剂、肥水调控等。②通过农艺措施防病虫、防旺长、防早衰、防低温冷害、防干旱、防假旱、防肥害、防药害、防次生盐渍化、防营养不平衡。做好病虫害防治、安全用药、叶面调控、及时中耕、合理灌溉、适期播种、科学施策，为叶生长创造良好环境。

十二、棉铃生长异常诊断及防治

棉铃生长异常表现症状：畸形、裂果、脱落、干铃、僵铃、小铃、病铃、烂铃、铃期长、无效铃多等。7月中旬至8月上中旬是新疆棉铃脱落高峰期。

棉铃生长异常原因：导致棉铃生长异常的原因有多种。概括有4个方面原因。①不利的气候土壤棉田环境。高温和低温、阴雨和寡照、郁闭和遮阴、高湿与干燥引发的棉铃生长异常。②不合理的栽培管理。肥水化控、打顶、中耕、揭膜等各种农艺调控措施调控的时间、调控的强度不合理所致。如肥水化控不及时、肥水化控投入的强度过大或过小引发的棉铃生长异常。③病虫害综合防治缺失或效果欠佳。④药害、肥害、营养障碍和自然灾害导致的棉铃生长异常，务必进行全面分析，明确具体原因。

棉铃生长异常防治措施：采取以防控为主的综合农艺措施。通过综合农艺措施防病虫、防旺长、防早衰、防低温冷害、防高温热害、防干旱、防假旱、防肥害、防药害、防次生盐渍化、防营养不平衡、防病虫害、防郁蔽、防铃期长，保障各项农艺措施及时到位、科学施策，为棉铃生长发育创造适宜的光、温、气、水、营养条件和协调的群体个体结构及病虫发生轻的棉田生物环境。加强7

月中旬至 8 月上中旬新疆棉铃脱落高峰期的综合农艺措施调控，降低铃脱落数量。

十三、棉花铃病的症状表现及防治

随着种植密度的增加和生态环境的变化，近几年，新疆棉花铃病发生呈加重趋势。铃病按其致病方式可分为两类：一类是直接侵害棉铃的，有角斑病、炭疽病、疫病和黑果病等；另一类属于伤口侵染，有些甚至是半腐生性，如红腐病、红粉病和印度炭疽病等，病菌多从伤口、铃缝或病斑处侵入而引起棉铃病害。棉花铃病有多种，表现症状不同。了解和掌握不同棉铃病危害症状，对科学预防具有重要作用。

棉花铃病主要有：①棉铃炭疽病。该病多在 8 月中旬至 9 月中旬危害棉铃，以 25～40 d 铃期的棉铃比较容易发病。病铃最初在铃尖附近发生暗红色小点，逐渐扩大成褐色凹陷的病斑。②棉铃曲霉病。病菌主要有黄曲霉、烟曲霉和黑曲霉。病原菌先将铃壳裂溢，产生黄褐色霉状物，然后变成黑褐色，将裂缝塞满，致病棉铃不能开裂。③棉铃角斑病。它是铃期病害中发生最早的一种，多在 7 月中旬至 9 月初发生。感病的棉铃开始在铃柄附近发生油渍状的绿色小点，逐渐扩大成圆形病斑，并变成黑色，中央部分下陷，有时病斑相连呈不规则形状的大斑。角斑病可以危害幼棉铃，幼棉铃受害后常腐烂脱落；成铃受害，一般只烂 1～2 室，但亦可引起其他病害入侵而使整个棉铃烂掉。④棉铃疫病。棉铃疫病是一种真菌性病害，病原菌属藻状菌纲、霜霉菌目、疫霉菌属。棉铃发病多从青铃的基部、铃缝和铃尖等部位开始，病菌侵入后先出现水渍状小点，使棉铃变成黄褐色或青褐色，最后变成黑色油渍状，并能深入铃壳内，使纤维变成青色。病棉铃逐渐腐烂或形成僵瓣。发病早的对产量影响较大，发病晚的只是铃壳和棉铃隔离变成褐色，对产量影响较小。当 8～9 月降水多、湿度大时发病重，危害大。⑤棉铃红腐病。棉铃红腐病也是真菌性病害，病原菌属半知菌类、丛梗孢目、镰刀菌属。发病初期病斑呈黑绿色水渍状、没有固定形状。这些病斑多发生在棉铃尖和裂缝处，扩展后在病斑表面出现淡红色霉层，导致棉铃不能正常开裂，棉花纤维腐烂或形成僵瓣。在高温低湿条件下侵染发病，病棉铃上产生大量分生孢子，借助风雨传播，进行再侵染。⑥棉铃红粉病。棉铃红粉病的病原菌属半知菌类、丛梗孢目、复端孢属，呈淡红色粉状物。天气潮湿时菌丝长成白色绒毛状，病铃不能正常吐絮，纤维变褐色成僵瓣。在冷凉潮湿环境条件下容易发病。⑦棉铃黑果病。棉铃黑果病也是真菌性病害，病原菌属半知菌类、球壳孢目、有色双孢属。棉铃黑果病开始发病时，全棉铃变软，铃壳变成黑褐色，发生严重时，整个棉铃僵硬，棉絮成灰黑色僵瓣，病棉铃僵缩在果枝上不脱落，也不能开裂吐絮。在阴雨天气、湿度大的情况下，容易发生危害。⑧棉铃灰霉病。棉铃灰霉病为真菌性病害，在病铃的表面长出灰色绒毛状霉层，造成棉铃干腐。一般在湿度大、气温比较凉爽的8～9月发生。⑨棉铃软腐病。棉铃软腐病也是一种由寄生真菌造成的棉铃病害。发病的棉铃针尖或全棉铃变成紫红色，剥开病棉铃，里边湿腐变软，发展很快，最后整个棉铃湿腐、霉烂或干缩。

棉花铃病发生规律：棉花铃病的发生轻重与气候条件、栽培条件及其他病虫害的发生程度密切相关。棉花在结铃吐絮期，天气高温多雨，田间密闭不透风，或其他病虫害发生较重，棉铃有大量伤口时，有利于病菌的侵入。

棉花铃病防治方法：大约60％棉花烂铃病是由病虫危害后引起的，因此加强棉花铃期的病虫害防治工作，减少虫口伤害，减少病菌的侵染途径极为重要。根据虫害发生趋势，一般8月上旬开始喷药，可选用50％多菌灵可湿性粉剂500倍液、75％百菌清可湿性粉剂500倍液、70％甲基硫菌灵或70％代森锰锌等可湿性粉剂400～500倍液喷雾防治。每隔4～5 d喷一次，连喷3～4次。

十四、棉花早衰的症状表现及防治

早衰是指棉花在有效的生育期内局部或整体过早减弱或停止了

光合生产的现象。一般认为轻度早衰常减产 10％左右，重度早衰
则可减产 20％～50％。棉花早衰一般自 8 月中下旬开始发生，到 9
月上旬已有比较明显的症状。早衰棉花主要表现为棉花营养不足，
叶色由嫩绿逐渐变为深绿、暗绿，变小变厚，接着出现黄斑、红
斑、红叶并失去光泽，叶功能降低，棉花光合速率明显下降，有的
叶片过早枯萎有病斑，最后变为褐色而干枯，到 9 月中旬，叶片大
量脱落，落叶后的棉杆由上至下逐渐干枯。植株矮小、棉花群体架
子小、蕾花铃脱落、盖顶桃少、铃重轻、过早吐絮等。棉花早衰一
般可分为生理早衰和病理早衰。生理早衰一般有 4 种类型，表现症
状各有不同。①早发早衰型。棉花发育迟缓、棉株小、长势弱、叶
片小、没有搭好丰产架子；开花后生长中心过早转移到生殖器官，
造成伏前桃比例过大，秋桃不足，吐絮早但产量低。这类早衰多发
生在苗期气温高、棉花出苗早、干旱年份、肥水不到位、化控过
重、地力低、保肥保水性能差的沙土地。②多铃早衰型。表现为开
花后，结铃快而集中，短时间内大量结铃，导致水肥和有机营养供
应不能满足大量开花结铃的需要，造成后期棉铃大量脱落或铃重显
著降低。这种早衰类型多发生在地力一般并且中后期水肥供应不合
理的棉田。③弱株早衰型。弱株早衰型多发生于干旱、瘠薄的棉田
中。由于缺水、缺肥，棉株自苗期就表现为营养生长弱，植株矮
小，根系发育不良，叶片小而黄。现蕾、开花后，生殖生长也比较
迟缓，果枝生出慢，蕾少。④猝死早衰型。该类型在盐碱地棉田比
较常见。由于盐渍土壤的肥力差、结构差、通透性差，加之盐离子
的毒害作用，盐碱地棉花的根系普遍发育不良。花铃期若连续高温
干旱后受毒害，棉株随机猝死。

　　棉花早衰的原因：①营养不足、营养失衡导致的早衰。有机肥
投入不足，只靠施用化肥，从而导致土壤营养失衡，土地后劲不
足。棉花早衰与土壤速效钾含量有关，土壤缺钾常导致早衰。花铃
肥不足，极易引起早衰。②生育期载负过重导致的早衰。现蕾以
后，营养生长与生殖生长并进，结铃过多，生理负荷重，营养跟不
上，从而导致早衰。③耕作栽培导致的早衰。由于产棉区轮作困

难，重茬现象严重，可导致早衰；在地势低、排水不良的地块，棉花根系发育不良，抗生菌数量较少，病菌积累严重，从而导致早衰。④干旱缺水导致的早衰。盛蕾和花铃期土壤干旱均可造成早衰。⑤生理型早衰。⑥品种自身特点。不易早衰的品种，在生长后期，棉叶中活性氧自由基清除酶活性高，能及时清除有害活性氧自由基对细胞膜系统的破坏，而易早衰的品种，后期棉叶中，活性氧清除酶活性低，对外界环境条件变化比较敏感。⑦棉田多年连作。多年连作棉田，土壤中病菌菌核大量积累；也因土壤养分不平衡，造成生理性缺钾，引起棉株早衰。⑧过度整枝打顶会引起植株早衰甚至休克。

棉花早衰的防治措施：①选用抗病品种和不早衰品种。②通过合理轮作与深耕，改善土壤结构，促进植株健壮生长，防治早衰。③保障中后期灌溉。花铃期保障灌溉，田间持水量保持在 70%～80% 为宜。吐絮初期如遇干旱或土壤水分不足仍应适量灌溉。停水期一般在 8 月中下旬或 9 月初，停水不宜过早。特别是机采棉田，由于 9 月上中旬开始喷施脱叶剂，一些棉农认为最后一水浪费，常常在 8 月下旬开始停水，于是加剧了早衰，对产量影响很大。④加强中后期棉田营养管理，防止营养不足。种植前施足有机肥，生长期间补充化肥。一般增施磷钾肥，稳施氮肥。由于磷在土壤中流动性差，加之利用率低下，因此，磷肥施用对防治棉花早衰也极其重要。中后期加施硼锌微肥，叶面喷施磷酸二氢钾，对防治棉花早衰效果很好。⑤轻打顶。对于盐碱重、肥力低、保水差，易引发早衰或丰产架子小的棉田和品种以轻打顶为原则。

十五、干旱的危害及预防

新疆是灌溉农业，干旱是由于水资源在地区和季节分布上的不平衡，与棉花需水期不能很好配合，不能及时灌溉而造成棉花不能正常生长发育的灾害。干旱可分为春旱、夏旱、秋枯等灾害。新疆是干旱气候区，年降水少，蒸发量大，水资源有限，极易发生旱灾。干旱在新疆的表现与内地不同，内地干旱指在一个地区长时间没有较大降水就会出现棉花受旱的现象称为干旱。新疆干旱表现为河流、水库对农田供水不足，造成棉田受旱的现象。

新疆干旱突出表现在春旱和夏旱。春旱一般在 3～4 月，由于供水不足，棉田不能正常进行春灌，从而影响棉花播种。新疆春季用水十分紧张，特别是南疆更为突出。夏旱是指棉花夏季进入生殖生长阶段，因河流、水库供水不足而使棉田受旱。夏季 6～7 月是棉花水分敏感期，夏旱经常发生。

棉花干旱引起的棉花生长异常：春旱常造成不能及时播种，缺苗断垄，大小苗严重，对产量影响很大；夏旱造成棉花蕾铃大量脱落，植株矮小，影响花粉受精。干旱缺水，叶尖叶缘均发黄皱缩，反卷萎蔫下垂，严重缺水会导致棉株旱死。

棉花抗旱防治措施：①采用膜下滴灌节水技术是抗旱的最有效措施。②选用抗旱品种。③勤中耕，减少蒸发，促进根系下扎。④灌水时不揭膜，采取全生育期地膜覆盖。⑤采用冬灌，缓解春天用水压力。冬灌地最好在入冬前把地整好，来年早春铺膜，南疆棉区多采用这种方法。北疆棉区往往来不及整地，土壤就封冻了，常在春天进行整地，这时不宜再进行翻地，以免跑墒，及时整地铺膜保墒播种，利用春雨，及时抢墒播种。⑥利用滴灌，采用干播湿出的种植方式。⑦夏季抗旱可采用抗旱剂，如旱地龙等。旱地龙能促进棉花根系发育，减少蒸腾，可延缓棉田出现旱象 1 周左右。

十六、盐碱地植棉技术

棉花具有较强的耐盐性，被认为是开发利用盐碱地的先锋植物。利用棉花耐盐性强的特点，形成简便实用、特色鲜明的盐碱地植棉技术，为盐碱地植棉提供了技术支持，对促进我国棉花生产发展具有重要作用。

盐碱地植棉面临的问题：①盐碱重，面积大。新疆棉花盐碱地面积达 13 万 hm^2，棉区土壤普遍积盐且盐碱较重，一般表土层含盐量高达 3% 以上，pH 达 9 以上，南疆棉区土壤盐碱含量高于北疆，主要为氯化物和硫酸盐土。②不合理的开发土地和用地，排盐碱配套措施不力，灌溉制度不合理，长期缺少压盐洗盐水，使得棉田盐碱化、次生盐碱化面积和程度逐渐增加。③针对盐碱地植棉技术不系统。

盐碱地植棉目标：①通过盐碱地改良，保证播种出苗阶段，棉花根系分布层的总盐分含量在 0.3% 以下，土壤 pH 为 6.5~8.5，以中性和微碱性为宜，做到棉种能正常发芽出苗。②保证棉花生长期根系活动层盐分含量低于 0.4% 以下，使棉花能够正常生长。③盐碱地植棉技术以保全苗、促早发、搭丰产架子、防止晚熟为中心。

盐碱地植棉技术对策：①要明确土壤盐碱含量高低。对于重盐碱地，先改良土壤、培肥地力再植棉，主要采取整体降低土壤盐碱含量的工程治理改良措施。对于中度和轻度盐碱地，可边植棉、边治理，采用抑盐、抗盐的各种农艺耕作技术措施。②要明确盐碱地植棉技术是盐碱地植棉的综合技术，只有综合多项技术措施，才能达到减轻盐碱危害的效果，获得全苗、早发、丰产、优质。

盐碱地植棉关键技术：①整体降低盐碱含量的工程技术。包括利用有效的工程技术（修建排水设施等）和盐碱改良产品对盐碱地进行土壤改良后植棉，是对盐碱地进行以治水改土为中心的综合治理，包括开沟挖渠，加速淋盐排盐，促使土壤淡化。②抑盐抗盐综合农艺技术。具体包括：选用种子质量好、出苗好、幼苗生长健壮的抗盐耐盐品种；改进耕作制度，采取轮作倒茬、种植绿肥培肥、土壤深翻、压草等措施改良土壤盐碱化；播前耕耙整地深翻，灌水压盐洗盐，降低播种层土壤盐分；地膜覆盖栽培抑盐，利于全苗、壮苗和早发早熟；加强苗期中耕，保持地面疏松，防止土壤返盐；增施农家肥改善土壤结构，增强土壤通透性，促进淋盐，抑制返盐；增施磷肥，调整氮磷比例，盐碱地一般有效磷含量低，补施磷肥，可提高抗盐能力；运用农艺措施（沟畦播种覆盖技术）诱导盐分差异分布，促进棉花成苗，诱导盐分在根区差异分布，实现沟播躲盐，同时在沟畦上覆盖地膜，依靠地膜的增温保墒作用，促进棉花成苗和生长发育；营养钵育苗移栽、半免耕种植等；通过激光平整土地技术，改善土壤理化性质，防止土壤出现盐斑，防止水向低处流、盐往高处爬；增施有机肥、秸秆还田等技术措施；新疆春雨少，春季蒸发量大，为保证棉花播种出苗和苗期需水，需要在冬季或者早春进行储水灌溉，在新疆储水灌溉不仅可满足播种出苗和苗期需水要求，对土壤盐分也具有较好的淋洗作用，灌溉后结合耕作，可减少土表蒸发和减低耕作层积盐，灌水定额一般为 $1\,200\sim1\,500\ m^3/hm^2$；基于盐碱地地温回升慢，加之新疆春季气候不稳定、低温冻害频繁、盐分与低温存在互作效应等原因，盐碱地棉花晚播有利于提高成苗率。对于盐碱地，一般 5 cm 地温稳定通过15 ℃以上后开始播种，新疆棉区一般在 4 月中旬后开始播种较为合适；对于没有条件冬灌和春灌的棉田，可利用滴灌条件，在棉花播种后对播种层进行滴水灌溉，保证出苗，非盐碱地一般滴灌定额 $225\ m^3/hm^2$ 左右，盐碱地视盐碱轻重，一般滴灌定额 $450\sim600\ m^3/hm^2$。

十七、土壤障害引发的棉花生长异常诊断及防治

土壤障害引发棉花生长异常表现：①土壤化学因素异常引发，包括盐碱土壤的 pH 异常、高盐浓度，土壤次生盐渍化，各种养分缺乏或过剩，有害元素的存在（铜、镉、砷、锌等重金属污染）等。②土壤物理因素异常引发，包括土壤板结、过湿过干的土壤引发的透水性、透气性问题，质地黏重的土壤，保水保肥差的土壤，地膜残留多的土壤。

土壤障害的原因：①不合理的开发土地和用地；②排盐碱配套措施不力；③灌溉制度不合理，长期缺少压盐洗盐水，使得棉田盐碱化、次生盐碱化面积和程度逐渐增加；④耕作制度不合理，长期连作；⑤施肥制度不合理，长期施用化肥，非平衡施肥，有机肥投入少；⑥生态环境意识差，乱排乱放等。

土壤障害防治措施：①做好土壤合理开发，做到用养结合，树立绿色环保生态的种地理念。②搞好标准农田建设。③做好土壤修复、按照"一控两减三基本"的目标用药用肥。④建立土壤障害预

防技术，包括土壤障害改良修复工程技术、综合农艺技术。⑤建立土壤障害防控检测体系，正确判断土壤障害的物理化学性质，从而作出正确判断，主要判断土壤排水、电导度（EC）、酸碱度（pH）指标等。如棉花盐害和次生盐渍化是土壤中氯离子浓度高引发的土壤溶液浓度障害，通过检测土壤电导度高、硝态氮少而氯离子高时，就可能是盐害。如果硝态氮和氯离子都低而硫酸根高时就可能为酸性土壤。

十八、棉花营养障害的发生症状及防治

营养障害是指某一营养元素在土壤或植物体内含量的异常而导致的生长异常现象。棉花营养障害诊断就是假设判断营养元素是正常还是过剩或缺失或肥料成分供给平衡失调的过程。

棉花缺素症或过剩症产生的元素有：氮、磷、钾、钙、镁、铁、硼、锰、锌、铜、镍、钼等。

棉花营养障害发生症状：棉花营养障害（缺素或过剩）最易发生症状的部位一般为植株的生长点、新叶或下部老叶。叶片黄化是棉花缺素导致生长异常最多的表现（图13.1）。

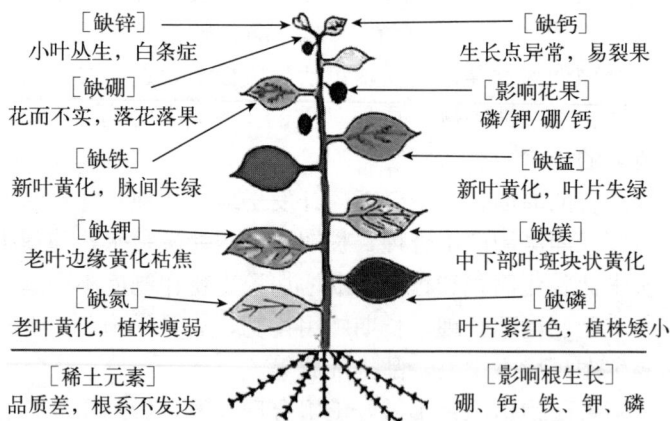

［缺锌］
小叶丛生，白条症
［缺硼］
花而不实，落花落果
［缺铁］
新叶黄化，脉间失绿
［缺钾］
老叶边缘黄化枯焦
［缺氮］
老叶黄化，植株瘦弱
［稀土元素］
品质差，根系不发达

［缺钙］
生长点异常，易裂果
［影响花果］
磷/钾/硼/钙
［缺锰］
新叶黄化，叶片失绿
［缺镁］
中下部叶斑块状黄化
［缺磷］
叶片紫红色，植株矮小
［影响根生长］
硼、钙、铁、钾、磷

图13.1 植物营养障害危害症状示意图

棉花营养障害原因：棉花营养障害的原因有直接原因，也有间接原因。如棉花诊断缺钙，但土壤中钙含量很丰富，在土壤钙含量充足的情况下发生缺钙，这可能是钙与其他元素的平衡关系或棉花蒸腾与吐水不平衡引起钙的运移不平衡、供给不平衡有关，可喷施蒸腾抑制剂或调节土壤持水量防止干旱和渍害。棉花缺素也可能是土壤氧化还原电位（Eh）及 pH 高低引发的元素缺乏或过剩障害。通过土壤氧化还原电位及 pH 高低判断。如果诊断结果是以土壤化学性质异常为主因的棉花生长异常，就要采取措施改良土壤，包括物理、化学等措施。一般在新垦棉田上发生缺素症的现象较多。在棉花营养障害原因诊断上要注意如下：①病虫害与营养障害相混淆，营养障害不传播，一般是全株产生异常症状，导管很少变褐色，要注意区别。②肥料引起的障害常与肥料中混入有害物质有关，应从肥料生产的源头找起。③偏肥现象，过多使用某种元素，会影响棉花对其他元素的吸收，而发生缺素现象。如叶片黄化是各种因素导致棉花生长异常的共同表现，但导致黄化的机理不同，了解区别、正确判断极为重要，最大的区别在于生物胁迫往往通过病菌产生毒素堵塞破坏导管组织产生黄化，这种黄化最终导致叶片萎蔫干枯，而土壤缺素非生物胁迫导致的黄化一般不萎蔫。

黄化相似的区别：需要指出的是，棉花生长中很多生长异常现象相似，但原因不同。区别相似症状及其原因是棉花生长异常诊断非常重要的技术，需要根据异常现象发生的部位、器官、时间来判断。如缺氮是全株叶片，病虫害药害是着药的叶片（如上部或一侧等），据此可明确判断。

棉花营养障害防治措施：缺素土壤棉花生长异常诊断及防治一般在新垦棉田上发生缺素症的现象较多，需对新垦地进行土壤改良（表 13.1）。pH 高低决定影响元素的溶解难易度，导致某个元素的过剩或缺乏，从而发生缺素症或过剩症。因此，土壤呈现过碱性或过酸性都会导致棉花生长发育营养障碍，要进行土壤盐碱土改良。一般土壤胁迫或营养元素缺乏或过剩导致的生长异常诊断需要化学手段。

表 13.1　棉花各生育期吸收氮磷钾的比例

生育期	天数（d）	氮（N,%）	磷（P_2O_5,%）	钾（K_2O,%）
出苗—现蕾	45	5~10	3	9
现蕾—开花	25	11~20	7	3
开花—盛花	20	40~56	24	36
盛花—吐絮	30	32	51	42
吐絮—收获	60	5	14	11

十九、虫害引发的棉花生长异常诊断及防治

新疆棉花虫害：棉铃虫、棉蚜、棉叶螨（红蜘蛛）、棉蓟马、盲蝽、地老虎等。

虫害引发棉花生长异常的症状：虫害不同，引发棉花生长异常症状不同。地老虎危害引起的棉花生长异常一般表现为咬断棉花嫩茎和棉花中下部，造成无头棉、公棉花、死苗等。棉叶螨（红蜘蛛）危害引发的棉花生长异常表现为叶面出现黄斑、红叶和落叶，轻者棉苗停止生长、蕾铃脱落、后期早衰，重者叶片发红、干枯脱落、棉花变成光杆。棉蚜危害引发的棉花生长异常表现为棉叶卷缩、畸形，叶面布满分泌物，棉花生长缓慢，蕾铃大量脱落。棉铃虫危害棉花引发的生长异常表现为棉花幼蕾苞叶张开，蕾脱落，棉铃脱落，烂铃或形成僵瓣，叶片咬食破碎。棉蓟马危害棉花引发的棉花生长异常表现为子叶肥厚，叶背面出现银白色的小斑点，生长点焦枯，造成多头棉、公棉花、破叶状和受害处出现锈斑，棉花生育期推迟，产生无效花并脱落等。盲蝽危害棉花引发的生长异常表现为多枝的乱头棉，称之为"破头疯"，叶破碎，称之为"破叶疯"，苞叶张开枯黄，蕾脱落，铃僵枯干落，结铃稀少。

虫害引发棉花生长异常的防治措施：①做好预防工作。预防是棉花虫害管理的前提。提早预防，可将病虫害发生、危害程度降到最低点，从而提高防治效果。据此，应根据预测、预报及时了解当

年和棉花生长期间虫害发生危害的趋势，对重发、偏重发生的年份，对主要发生的虫害种类及区域，有针对性地制定预防措施。②改善棉田生态环境。协调害虫、天敌、化防及栽培农艺措施四者之间的关系，谨慎大面积、单一使用化学农药，最大限度地保护自然天敌，维护生态平衡，保护环境，实现环境友好、经济、可持续发展。③采用综合防治，包括农业防治、生物防治、化学防治等，提高防治效果。具体包括：选用抗虫品种，抗虫品种是解决虫害最经济有效的途径，也是根本途径；种子消毒处理，消灭种子菌源，如浓硫酸脱绒，多菌灵、菌毒清拌种等；加强棉花水肥管理，勤中耕等，提高棉花抗虫性和抵抗力；点片防治零星虫株，对零星虫株及时控制拔除；合理调整作物布局，增益控害；麦棉邻作可有效地增加棉田天敌数量；清除虫源，早春季节清除杂草减少虫源，及时清除带病虫植株，将带病虫植株带出田外销毁，防止蔓延扩散。④根据各种虫害的生物学特性进行防治。不同虫害发生规律、危害部位方式时间不同，在防治方法上有不同。因害虫从卵到成虫的各发育阶段对农药的敏感性不同，一般害虫的若虫或幼虫对药剂敏感，是害虫的最佳防治期。此外，根据害虫的趋光性、趋味性、趋色性、口器的咀嚼式及昼伏夜出性，选择频振式杀虫灯、糖醋液、触杀或内吸或熏蒸式杀虫剂进行防治。⑤加强生物防治。具体包括：利用天敌增益控害，有效控制害虫发生，如利用瓢虫、捕食螨、小花蝽、蜘蛛等控制棉叶螨，利用蜘蛛、蚜茧蜂、瓢虫、食蚜蝇等天敌吞食棉铃虫的卵和低龄幼虫，利用瓢虫、草蛉等控制棉蚜；推广生物农药，尽量减少对天敌的杀伤，如喷施 Bt 制剂、阿维菌素等；采取隐蔽施药方法，采用内吸性农药以点片涂茎的方法加以控制，既可有效控制棉蚜数量，又可最大限度地保护田间天敌生存发展。⑥早防早治，防止虫害蔓延，将虫害控制在初发生的中心植株、点片可控的范围。把握防治的关键时期，提高防治效果。⑦保护天敌。棉花害虫天敌种类繁多，控制害虫的潜能大，对它们采取多种措施加以保护，促进增殖和利用，是控制棉花虫害的重要途径之一。捕食性天敌主要有瓢虫、草蛉、食虫蝽和食虫蜘蛛四大类。七星瓢虫、叶色草蛉、华姬猎蝽、小花蝽、草间小黑蛛，在不少棉区均是优势种，且能捕食棉蚜、棉铃虫等多种主要害虫。寄生性天敌主要有各类寄生蜂、姬蜂、蚜茧蜂、赤眼蜂常占优势。有些种类通过人工饲养释放，可提高其控害作用。

二十、病害引发的棉花生长异常诊断及防治

新疆棉花主要病害：生长期的棉花枯萎病、黄萎病、角斑病；苗期的立枯病、炭疽病、猝倒病、轮纹斑病、褐斑病、角斑病、茎枯病；成铃期的炭疽病、曲霉病、角斑病、棉铃疫病、棉铃红腐病、棉铃红粉病、棉铃黑果病、棉铃灰霉病、棉铃软腐病和新发裂棉铃病（裂果病）。

病害引发棉花生长异常的主要症状：病害不同，引发生长异常的症状不同。棉花枯萎病引发的生长异常症状主要有叶片黄色网纹型、黄化型、紫红型、青枯型、皱缩型、皱缩矮化型、叶片蕾铃脱落、严重的植株死亡。枯萎病鉴定：横剖植株茎杆，可见发病植株的维管束颜色较深，木质部有深褐色条纹。棉花黄萎病引发的生长异常症状主要有叶片变厚无光泽，叶边和叶脉间出现不规则黄色病斑，叶片边缘向上卷曲，严重时除叶脉为绿色外，其他部分褐色枯干脱落，蕾铃稀少，棉铃提前开裂，后期病株基部生出细小叶枝，纵剖植株茎杆，维管束变色，木质部上产生浅褐色变色条纹；叶片症状类型有黄色斑驳型、落叶型、矮化型、急性萎蔫型、枯斑型，总体表现植株矮化，落蕾落铃多，果枝减少。枯萎病有时与黄萎病混合发生，症状较为复杂，需要仔细鉴别。棉花角斑病引发的生长异常症状有子叶背面出现水浸透明圆形病斑，后扩大变黑，幼茎上有病斑，幼苗折断死亡。真叶病斑为灰绿色水渍状，后变深褐色，呈多角形病斑。茎和枝条出现水渍状黑色病斑，病重的茎易折断。棉铃上发病为绿色透明油渍状斑点，病斑近圆形，几个病斑可相连呈不规则形，以后病斑变成褐色或红褐色而收缩下陷。棉花铃病引发的生长异常主要是裂果、干铃、僵铃、黑果、红腐、黑腐、软腐、烂铃等。

病害引发棉花生长异常原因：①病原菌危害所致。棉花枯黄萎病都是由于病菌侵染危害植株茎杆内的维管束组织，影响养分和水分向上输送，导致植株叶片枯黄、植株矮化枯死、蕾花铃脱落。根据病菌生理小种不同，致病性不同，引发的症状及危害程度也不同。枯黄萎病属于土传病害，棉田一旦感染枯黄萎病，就会常年发生。②不利的生态环境。如阴雨寡照、郁闭不通风、多年连作等不利的生态环境有利于病菌发生危害。

病害引发棉花生长异常的防治措施：①做好预防工作。预防是棉花病害管理的前提。提早预防，可将病害发生、危害程度降到最低点，从而提高防治效果。据此，应根据预测、预报及时了解当年棉花生长期间病害发生危害的趋势，对重发、偏重发生的年份，以及主要发生的病害种类及区域，提早有针对性地制定预防措施。②改善生态环境。协调病菌、环境及栽培农艺措施之间的关系，谨慎大面积、单一使用化学农药，维护生态平衡，保护环境，实现环境友好、经济、可持续。③采用综合防治，包括农业防治、生物防治、化学防治等。措施包括：选用抗病品种，抗病品种是解决枯萎病、黄萎病最为经济有效的途径，也是根本途径；做好种子消毒处理，消灭种子菌源，如浓硫酸脱绒、多菌灵、菌毒清拌种等。加强棉花水肥管理，勤中耕，提高棉花抗病性和抵抗力。采取轮作倒茬，控制压缩轻病区，彻底改造重病区，减少病源。有条件地区实行水旱轮作，可以有效压低土壤菌源，起到防病效果。发病后有针对性地补救防治。叶面喷施磷酸二氢钾，棉花根部灌施棉枯净、DD 混剂等，使其自然扩散吸附，达到治病效果。严格保护无病区。病区收购或病田采摘的棉花要单收单扎、专车运输、专仓储存，棉籽榨油采取高温榨油方式。在调拨、引进棉种时要严格履行种子调拨和检疫手续。及时消灭零星病点，对零星病株及时拔除，就地焚烧，并对病株周围 120 cm 的土壤灌药消毒，常用药剂有溴甲烷、氯化苦、二溴乙烷、二溴氯丙烷、氨水、治萎灵等。合理调整作物布局，实行合理轮作。④根据各种病害的生物学特性进行防治。不同病害传播途径、入侵部位方式时间不同，发生、危害特点不同，在防治方法上也有不同。土壤处理或选用抗病的品种对防治土传病害枯黄萎病最为有效；种子带菌传播的通过种子药剂处理；植株侵染的通过药剂水溶液喷施；种植规模比例大的棉区要控制棉花种植比例，缩小连作年限，恢复粮棉和棉肥轮作，连作年限控制在4～5年较符合实际。

二十一、草害引发的棉花生长异常诊断及防治

新疆棉花主要草害：马唐、稗草、狗尾草、画眉草、金色狗尾草、芦苇、藜、灰绿藜、小藜、苍耳、田旋花、苘麻、野西瓜苗、反枝苋、凹头苋、龙葵等。

草害引发棉花生长异常症状：棉花生长细弱、蕾铃脱落、生长发育推迟、第一果枝节位高度抬高、空果枝空果节比例高、棉花徒长、假大空棉花比例高。

草害引发棉花生长异常原因：①杂草与棉花抢占地上地下空间。与棉花争夺肥水和生长空间，杂草的竞争优势强于棉花，常造成棉花营养不足，蕾铃脱落。②杂草影响棉田通风透光，影响棉花生殖生长与营养生长的协调。③杂草是棉花虫害的虫源，顶破扎破地膜，影响地膜保温保墒效果。

草害引发棉花生长异常防治措施：①科学做好除草工作。由于棉田杂草种类较多，生命力强，杂草属性、习性各不相同，要有针对性地除草。对于不同种类、不同性质、不同时间的杂草，采取不同的除草方法和措施。同时不要长期、单一使用某一品种，防止杂草产生抗药性。还要根据棉花杂草消长规律除草，棉花覆膜后，15 d左右即形成第一次出土高峰，6月滴管放水后，由于土壤表面湿润，到7月中旬至8月上旬形成第二次出草高峰，杂草在立秋后短时间内很快开花结籽，成为翌年杂草来源，因此要掌握好除草时间。②采取综合措施防除杂草。通过耕作措施，将已出土的杂草直接消灭。免耕措施可以使90%左右杂草种子集中在0～3 cm的表土里，容易随微生物剧烈的活动而使种子丧失活力，且也有利于采取化学防除消灭大量杂草。通过深翻使其杂草种子翌年不能萌发出

苗，同时，可切断地下根茎或翻于地表暴晒而亡，耕作措施包括耕翻、松土、中耕、培土等。通过轮作倒茬抑草。合理轮作改变其生态环境，可明显减轻杂草危害，这是生态抑草的重要手段。多年连作棉花都会有一些相伴杂草滋生，并且形成一定的群落，且数量逐年增多。采用不同类型的作物轮作换茬，可以减少原有杂草种类群落，经常合理轮作，可使杂草一直控制在防除指标以下。通过化学除草。棉田化学除草发展从单子叶杂草开始，进而到防除双子叶杂草。近年来，随着化学药剂的改进，正逐步做到一次性施药防除单子叶、双子叶这两类杂草危害，加快了化学除草的发展。化学除草分为三类：一类为播种前用除草剂对土壤封闭处理，整地后播种前，可以使用 48％氟乐灵乳油 1.5～2.25 L/hm^2 兑水 300 kg 后均匀喷于地表，然后立即耙耱混土 3～7 cm 深，即可播种；沙土地用药剂量少一些，黏土地用药剂量多一些。二类为播后苗前土壤处理。在棉花播种后出苗前，可以选用 43％拉索乳油 3～4.5 L/hm^2 兑水 300 kg 后均匀喷于土壤表面。或选用 40％氟乐灵 1.5～2.25 L/hm^2（必须混土）、48％地乐胺 2.25～4.5 L/hm^2（必须混土）、33％除草通 2.25～4.5 L/hm^2、48％甲草胺 3～6 L/hm^2、20％敌草胺 3～4.5 L/hm^2、60％杀草胺 10.5～12 L/hm^2、50％扑草净 2.25～3 kg/hm^2、25％除草醚可湿粉7.5～10.5 kg/hm^2。三类苗后茎叶处理。在禾本科杂草 2～5 叶期，每公顷兑水 300～450 kg 定向对杂草茎叶成株喷雾。适用药剂有：20％拿扑净 1 275～1 500 mL/hm^2、35％稳杀得750～1 050 mL/hm^2、12.5％盖草能 600～900 mL/hm^2、10％禾草克或 5％精禾草克 900～1 200 mL/hm^2。对多年生的禾本科杂草用药剂量稍多一些。棉花进入现蕾阶段后，植株高度 30 cm以上，田间单、双子叶杂草在 2～4 叶期最适宜用草甘膦及克芜踪的药剂进行茎叶处理。用量：单、双子叶杂草 4 叶前，用 10％草甘膦钠盐水剂 0.2 L/hm^2，杂草 4～6 叶时用 0.2～0.25 L/hm^2，杂草 6 叶以上用 0.4～0.5 L/hm^2，加水 40～50 kg；或用 20％克芜踪水剂，用 4.5～6 L/hm^2，加水 600～750 kg。这两种药剂属灭生性除草剂，棉花叶片如沾到药剂会发生药害。施药时，在喷头上加防护罩或进行定位定向喷雾,能避免药害。草甘膦施药后,在 4 h 内降雨会影响药效,需补施。③做到安全除草。化学除草已越来越多地成为农民朋友们采用的除草方法,但有些化学除草剂使用不当会严重影响棉花生长,造成重大产量损失,因此,棉田草害管理,首要是保证对棉花安全。据此,要掌握好除草剂的特性和施用技术,根据不同生育期确定除草剂品种和施药方法,并根据环境条件变化调整用量和浓度。人工除草是最安全的除草措施,但劳动强度大,效率低。利用深翻、旋耕等耕作措施,使杂草种子丧失活力,翌年不能萌发出苗,可有效抑制杂草种子活力;切除根系,是值得提倡,也是极为有效、安全的除草措施。④做到根除杂草。杂草的生命力、繁殖力往往较强。拔出的狗尾草、三棱草放在行间,往往可以恢复生长,一些多年生地下根茎杂草,割除了杂草的上部很快又发出新的,因此,务必做到彻底清除。在杂草当年开花结实前消除,对多年生杂草应切断地下根茎,翻于地表暴晒或带出田间处理或用化学除草剂科学涂抹。⑤熟悉了解除草剂种类。要根据国家对药剂的管理使用除草剂。

二十二、冷态年型对棉花的危害及防治

棉花播种至出苗所需积温 200 ℃左右、出苗至现蕾所需积温 600 ℃左右、现蕾至开花所需积温 700 ℃左右、开花至吐絮所需积温 1 400 ℃左右、吐絮完毕所需积温 1 000 ℃左右。棉花完成每个生育阶段都需要一定的活动积温:当某个发育阶段积温显著亏缺时,就会引起以该阶段为主的生长发育进程推迟,当连续几个关键发育阶段积温显著亏缺时,就会形成冷态年型,导致棉花蕾花铃的生长发育推迟,最终霜前花率显著降低,影响产量和品质。

"冷态年型"是指≥10 ℃、≥15 ℃、≥20 ℃积温明显低于历年平均水平,造成棉花产量、品质显著下降的气候年景。一般≥10 ℃积温减少 300 ℃可界定为冷态年型。由于夏秋季出现持续气温偏低致使棉花不能正常成熟而减产的现象称为夏秋季的低温冷害。

新疆是干旱气候区，干旱气候的特点就是温度变化大，其中年际间气温变化也大。严重的低温年，特别是夏秋季低温年就会造成棉花大减产。1992 年、1996 年新疆为冷态年型（严重的低温冷害年），当年≥10 ℃积温比历年减少 500 ℃左右，造成全疆棉花大幅度减产，减产率达到 30%～40%，并且纤维成熟度和其他各项品级指标明显下降。新疆冷态年型较频繁，应引起重视。

冷态年型的棉田管理要以促早发、早熟为重点，划分棉田类型，分类管理，力争晚中求早，最大限度地减少产量和晚发晚熟带来的损失。选用早熟品种，采取促早熟栽培措施，适时打顶，早打顶，及早停水，提高霜前花比例，可有效防治大面积迟发晚熟。

冷态年型引起的棉花生长异常诊断与防治：年际间≥10 ℃积温相差 871 ℃，无霜期相差 62 d，会造成冷态年型出现。新疆 4 月和 9 月积温不足与 7 月下旬至 8 月初的高温，是限制新疆棉花产量的关键热量因素。

第十四章

新疆棉花机械化采收

植棉机械化是促进新疆植棉规模迅猛发展，提升新疆棉花综合竞争力的主要手段。新疆植棉实践证明，机械化不但可提高棉田管理水平，满足适时精耕细作要求，而且可大幅度提高劳动生产率，增加规模效益，以达到增产、增收、提高规模效益和产品市场竞争优势的目的。新疆植棉机械化水平较高，20 世纪 90 年代初，棉花机械化技术开始在新疆推广，国家"十五"至"十一五"期间，机械植棉技术迅猛发展，部分棉田已实现棉花生产全程机械化。联合整地机、平地机、肥料深施机、棉杆还田机、新型喷雾机、棉杆收获、残膜回收、棉花采摘机等一大批关键性作业机械已在棉花生产中发挥重要作用。

新疆机采棉已走在我国前列，大力发展机采棉技术是形势所需，也是新疆棉花生产发展的需要。

第一节　棉花机械化采收

一直以来，棉花收获主要采取人工采收。人工采收棉花的优点是可实现分摘、分晒、分存、分轧、分售，杂质少、质量好。但人工采收棉花的不足是效率低，特别是在拾花劳力紧缺，人工费用大幅增加的情况下，人工采收劳动成本急剧上升，已严重影响植棉效益的提高和棉农增收。

棉花机械采收就是用机械来采收棉花（简称机采棉）。机械采收棉花的优点是拾花效率高，是人工拾花的几百倍，可大大提高劳动生产率，缩短采收期时间，减轻棉农负担，使棉农及早腾地安排冬灌、棉杆处理、秋翻，不耽误来年的春播工作。机采棉的综合效益远远大于人工采收的效益，实现棉花生产现代化、规模化、轻简化、效益化。但机采棉含杂率高，湿度大，需配备相应农艺技术和清理设备。

一、采棉机类型

采棉机类型主要有分次采棉机和一次采棉机。分次采棉机只采收吐絮棉花，可对棉田中棉花进行分次采收，是目前使用最多的采棉机。以美国为代表的水平摘锭式和苏联为代表的垂直摘锭式采棉机均为此类型，我国目前研发使用的采棉机也为此类型。一次采棉机是指只对棉田中的棉花进行一次性采收的采棉机，一次采棉机结构简单、价格和使用成本低，采摘率高，但局限性大，混等、混级、混杂更为严重，清理难度更大。

二、机采棉技术指标

1. 采净率 机械采收后，采收籽棉占棉株全部籽棉产量的百分比。采净率达95％以上。

2. 含杂率 机械采收的100 g籽棉中含有碎叶、断茎枝等杂质的百分比。含杂率在（10±2）％以下。

3. 脱叶率 喷施脱叶剂20 d后已脱落的叶片数占喷施脱叶剂前总叶片数的百分比。脱叶率达到90％以上。

4. 吐絮率 连续若干株棉株上，已吐絮铃占总铃数的百分比。吐絮率达到95％以上，可进行机械采收。

5. 损失率 机械采收后，田间撞落、挂枝、遗留等未收回的籽棉占同一时间采收籽棉的百分比。总损失率不超过4％，其中撞落棉1.7％，挂枝棉0.8％，遗留棉1.5％。

三、机采棉配套技术要求

棉花机械采收涉及品种、栽培和管理措施、脱叶剂、采棉机、籽棉贮运技术、清理加工技术等一系列配套技术。

（一）机采棉对棉田的要求

土地条件做到棉花相对集中种植，连片作业的面积一般应在万亩左右。要求土地平坦，面积较大，一般应在6.67 hm² 以上，棉田长度应在1 000 m左右（不少于500 m，不多于1 200 m），且有行车道直通棉田。机械及配套设施做到每 66.67～400 hm² 棉田配备一台采棉机、棉花加工厂及相应的晒场、库房等配套设施。

(二) 机采棉对品种的要求

机采棉的品种选择，其核心是：遗传品质达到优质棉标准、生育期适宜、抗病性强、吐絮集中、对脱叶剂敏感、株型符合机采农艺要求。

1. 适应性强　保证该品种在当地有良好的适应性。

2. 优质高产　一是内在品质好。遗传品质应达到：纤维长度为 30 mm 及以上，断裂比强度为 30 cN/tex 及以上，马克隆值为 3.5～4.9，长度整齐度为 85% 以上，长度、细度、强度和整齐度要匹配。二是稳产性好。单铃重在 5.5 g 以上，正常情况下单产高于或等于当地主推品种。

3. 早熟抗病　一是生育期适中。北疆 125 d 以内，南疆 130 d 以内，早熟性好（霜前花率为 90% 以上）、集中成熟性好。二是抗性强。抗虫、抗枯萎病（枯萎病指<10）、耐黄萎病（黄萎病指<30）、抗倒伏、抗推拉。

4. 吐絮集中　喷洒脱叶剂时吐絮率达到 30% 以上，含絮力适中，机械采收时不夹壳、不掉絮。

5. 符合机采农艺要求　株型以 "较紧凑—较松散" 型为好，叶片大小适中，第一果枝节位高度大于 20 cm，中上部结铃好，对脱叶剂敏感，果枝夹角较小，易采摘。

6. 棉株脱叶性、落叶性好　对脱叶剂敏感。

(三) 机采棉对棉花株行配置要求

机采棉的种植模式，其核心是：以确保质量为主，兼顾产量，合理控制种植密度，考虑农艺农机相配套。

1. 行距配置　常规品种为：一膜 6 行的 "10＋66＋10＋66＋10＋66" cm（或 "66＋10" cm）宽窄行配置或一膜 3 行的 "76" cm 等行距配置，株距 9.5～11.5 cm；杂交品种为：2.05 m 宽膜，一膜 3 行 3 带配置模式，等行距 76 cm，株距 9.5 cm。

实际行距与规定行距相差不超过 2 cm，行距一致性合格率和邻接行距合格率应达 95% 以上。

2. 种植密度 对于常规品种，采用中高密度种植，理论密度 19.5 万～22.5 万株/hm²；对于杂交品种，采用中低密度种植，理论密度 15 万～19.5 万株/hm²。

3. 株高 一般控制在 65～90 cm，不宜过低或过高，叶面积适中，棉铃上中下分布均匀。

(四) 机采棉脱叶技术要求

脱叶剂配方为脱吐隆（165～195 mL/hm²）＋伴宝（750 mL/hm²）＋乙烯利（1 050～1 500 mL/hm²）。喷施原则：正常棉田适量偏少，过旺棉田适量偏多。早熟品种适量偏少，晚熟品种适量偏多。喷期早的适量偏少，喷期晚的适量偏多。群体冠层结构过大棉田可适量偏多。脱叶剂喷施时间根据北疆地区天气情况和顶部棉铃的生长期，喷施脱叶剂时间一般为 8 月底至 9 月 10 日（北疆）和 9 月 10～15 日（南疆），适宜温度 18～20 ℃，最低温度 14 ℃，避免骤然降温影响脱叶效果。喷施当天无大风和降雨，喷后 3 d 温度适宜效果好。喷药后 12 h 内若遇中量的雨，应当重喷。

(五) 机采棉田间准备

喷施脱叶剂作业前 2 d，调查吐絮率、上部铃成熟情况，行距、接行和倒伏状况是否满足机采要求，以确定可否喷施脱叶剂。及时清除不利于机车作业的障碍物，无法清除的障碍物务必做明显的标示。了解掌握相应的气象情况，为喷施作业提供适宜的时间段。根据棉花品种、播种时间、成熟度等因素确定脱叶剂喷施地块的先后顺序，喷药作业不重不漏。棉叶喷量 525～600 kg/hm²，药液要喷到棉株的上、中、下部，叶片受药量大且较为均匀，喷后叶片受药率不小于 95%。脱叶、催熟效果的检查：作业结束后，分别于第 7 天、第 10 天对吐絮率、落叶率进行测定，是否达到机采作业时所要求的指标；如果脱叶质量、吐絮效果太差，可进行人工点片补喷。机采前的准备工作：清除田间杂物、田间杂草、木桩、树枝、石块，以及田间飘起的塑料薄膜；滴灌棉田处理好滴灌管件，收横向支管、附管，但禁止回收滴灌带；埋好压实滴灌带头和接头管

件；合理制订整理行走路线，以减少撞落损失；人工采摘地头
15 m范围内的吐絮铃；查看棉田土壤水分是否会造成陷车。

（六）机采时间的确定

当脱叶率达到90％以上，吐絮率达到95％以上时可采收。采
收原则：先收早熟品种，后收晚熟品种；先收中产早熟田，后收高
产晚熟田；先收土壤水分少的棉田，后收土壤水分多的棉田；先收
脱叶早效果好的棉田，后收脱叶晚、脱叶效果差的棉田。

（七）做好揭膜、除膜工作

采取强有力措施做好残膜清除和揭膜工作，防止废地膜混入机
采棉花中。

第二节　新疆机采棉质量整体提升方案

近几年推广"机采棉"技术的实践经验证明，"机采棉"不是
简单的机械采摘技术的应用，它作为棉花集约化、专业化生产的综
合技术，涉及土地配套、品种选择、种植模式、田间管理、脱叶技
术、采收作业、加工工艺和检测手段等，是一项技术系统工程。随
着"机采棉"技术推广的不断深入，也引发了棉花全产业链的技术
变革和协同创新，出现了新的情况、新的问题，需要加以规范和引
导。因此，在充分总结已有经验和技术体系的基础上，借鉴、吸收
国外先进经验，结合实际情况，提出一套整体解决方案，以此来解
决新疆机采棉发展遇到的难题，促进棉花产业健康发展。

一、机采棉的生产管理

生产管理涉及到品种选择、种植模式和田间管理，是提高机采
棉质量、稳定产量的基础。

1. 品种选择　机采棉的品种选择，其核心是：遗传品质达到
优质棉标准、生育期适宜、抗病性强、吐絮集中、对脱叶剂敏感、
株型符合机采农艺要求。

（1）机采棉品种的遗传品质应达到：纤维长度在 30 mm 及以

上、断裂比强度 30 cN/tex 及以上、马克隆值 3.5~4.9，长度整齐度 85％以上；长度、细度、强度和整齐度要匹配。

（2）棉花生育期适宜（北疆 125 d 以内，南疆 130 d 以内），早熟性好（霜前花率在 90％以上），集中成熟性好。

（3）抗虫、抗枯萎病（病指小于 10）、耐黄萎病（病指小于 30），抗倒伏、抗推拉性好、稳产性好（正常情况下单产高于或等于当地主推品种）。

（4）吐絮集中，吐絮好。喷洒脱叶催熟剂时，棉花吐絮率达到 30％以上，含絮力适中，机械采收时不夹壳、不掉絮。

（5）株型以"较紧凑—较松散"型为好，叶片大小适中。第一果枝节位高度大于 20 cm。

（6）叶片脱叶性、落叶性好，对脱叶剂敏感。

2. 田间管理　机采棉的田间管理核心是：控制棉花的第一果枝节位高度在 20~25 cm，确保集中成熟、脱叶、吐絮效果，防止异性纤维混入。

（1）适时播种　当膜下 5 cm 地温 3~5 d 内稳定通过 12 ℃时即可播种，4 月 25 日前结束。

（2）苗期合理化调　依据棉花生长速度，合理化控，使棉花的第一果枝节位高度控制在 20~25 cm。

（3）适时打顶（封顶）　以"枝到不等时、时到不等枝"为原则，棉花打顶（封顶）7 月 10 日前结束，打顶后单株平均保留果枝 6~10 台，棉株自然高度控制在：北疆 70~80 cm，南疆、东疆 80~90 cm。

（4）适时停肥水　为防止出现贪青晚熟、早衰问题发生，须适时停肥停水。8 月 20 日停肥，停水时间：北疆不晚于 8 月 25 日、南疆不晚于 8 月底，东疆不晚于 9 月 5 日。原则上，最后一水应在吐絮初期。

（5）做好病虫害防治　使产量损失不超过 3％。

（6）严格控制棉田残膜和周边塑料袋污染　推广应用 0.012~0.015 mm 的加厚地膜，禁止使用 0.008 mm 的超薄膜，做好残膜回收，停水后和采收前要揭净棉田残膜，回收滴灌带，回收率要达到 95% 以上。采棉机下地前，彻底清理棉田地头地边的挂枝残膜及周边的塑料食品袋和包装材料等，达标（田间和周边没有残膜和塑料制品）后方能开展机采。机采结束后，继续清理棉田多年遗留的残膜，避免再次污染。

（7）科学使用脱叶催熟剂 坚持"絮到不等时，时到不等絮"的原则，于 9 月 7~15 日（正常年份 9 月 10 开始喷施）、日平均温度 18 ℃以上（最低温度≥14 ℃）时或棉花吐絮率在 30% 以上时使用脱叶剂。

对低密度吐絮率高的棉田，9 月 5~10 日，使用一次脱叶剂即可。

对高密度贪青的棉田，建议喷施 2 遍脱叶剂：第一次在 9 月 5~10 日，第二次在 9 月 15 日前，2 次用药间隔 5~7 d。

棉花催熟药剂可用乙烯利，一般与脱叶剂混合后同时喷施；乙烯利用量一般为 1 500~2 250 g/hm²，但需根据棉桃吐絮现况酌情增减。

二、机采棉的采收管理

机采棉的采收管理核心是：控制好采收时间和采摘籽棉的回潮率、含杂率；机采籽棉分类采收、堆放，防止异性纤维混入。

1. 采收条件 棉田杂草、残膜、障碍已清除，地面滴灌管件已处理好；棉田脱叶率≥93%、吐絮率≥95%。

2. 含杂率 采收籽棉含杂率＜12%。

3. 回潮率 籽棉回潮率，前期采摘控制在 10% 以内，后期控制在 12% 以内。箱内籽棉的回潮率＞12% 时，停止采收。

4. 采净率 原则上只进行一次机采作业，采净率≥93%。

5. 分类堆放 采收籽棉按不同回潮率或不同品种，分区堆放，防止混杂加工，影响品质一致性，为"因花配车"创造条件。

6. 防止异纤混入 异性纤维是指棉花中混杂的化学纤维、动物纤维和非棉性纤维等杂物的统称，如塑料绳、毛发、有色纤维等。新疆是我国异性纤维污染较严重的棉区，严重影响了新疆棉花的内销和外销，应引起重视加以解决。

7. 防止火灾 除防止外来火种外，还要严格监测籽棉垛内温度变化，防止发生霉变、引起火灾。

三、机采棉的加工管理

机采棉的加工管理核心是：采用机采棉加工工艺，严格控制对棉纤维的损伤，降低棉结、短纤维和异纤的含量。

1. 采用机采棉加工工艺 基本工艺为：籽棉预处理—籽棉三丝清理—籽棉烘干—籽棉清理—籽棉加湿—籽棉轧花—皮棉清理—皮棉调湿—皮棉打包—棉包信息采集与自动标识。

2. 控制好籽棉回潮率 籽棉清杂时，回潮率控制在 5.3%～7.0%；籽棉加工时，回潮率控制在 7.0%～8.7%。

3. 控制好籽棉烘干温度 控制好籽棉回潮率的关键是控制好烘干温度。

4. 控制好棉籽毛头率 轧花时，棉籽的毛头率控制在国家标准规定范围内。

5. 减少皮棉清理次数 为减少对棉纤维长度的损伤、提高纤维长度整齐度，对皮棉的清理，应在气流清理一次的基础上，严格控制锯齿清理次数，以清理前后棉纤维长度损伤≤0.5 mm、短纤指数≤12%为标准。

6. 控制好皮棉加湿 皮棉打包前，采用皮棉管道水气喷雾技术（即热湿空气）为皮棉调湿，把皮棉回潮率控制在 7.5%～8.5%。

7. 实时采集信息并自动标识 打包时要在线实时采集棉花信息，打包后用自动刷码系统对棉包进行自动标识。

四、机采棉的品质检测

机采棉的品质检测核心是：对加工前的籽棉和加工过程中的皮棉，进行检测，做到因花配车，确保轧工质量。

1. 收购机采籽棉应严格执行"车车检"的检验制度。对进厂机采籽棉要检测其品质（颜色级、纤维长度、马克隆值）和含杂率、回潮率指标，做好记录，并按品质、水分相近原则和不同品种进行分垛存放。

2. 籽棉复轧前，再次采集分垛存放的籽棉品质和回潮率信息，据此设置合理的加工工艺和设备参数，做到"因花配车"。

3. 在线实时监测皮棉回潮率、含杂率和轧工质量等皮棉质量关键指标。根据检测结果，及时调整加工工艺和设备运行参数，保证成包皮棉的质量。

4. 加工企业根据检验机构对全部成包皮棉的检测数据，分析品种、种植、采收、加工等各个环节存在的问题，及时向主管部门、相关机构和企业反馈信息，为今后改进品种繁育、种植管理和加工工艺等决策提供参考。

五、机采棉的质量追溯

机采棉的质量追溯核心是：建立"二维码"棉包永久身份标志识别系统，通过二维码技术进行识别，实现棉包身份信息在棉花流通体系中的全程质量识别与查询。

1. 建立棉包身份信息化标识系统　把二维码作为棉包永久身份标识，以实现棉包身份信息在棉花加工流通体系中的全程质量识别及查询。

2. 建立棉包刷码系统　在棉包包身刷码生成二维码，以此作为棉包身份和质量信息的有效标志。通过采用二维码技术，不仅可以对棉包身份进行有效识别，还能追溯到棉花的品种、种植区域、生产者、加工企业、生产线、生产日期、品质、重量、仓储物流等信息，为有效解决贸易纠纷和选择满足市场需求的机采棉品种提供可靠依据。

第十五章

新疆棉花防灾减灾及防治

第一节　自然灾害防控

一、新疆棉区气象灾害现状

新疆是我国自然灾害多发地区，因此新疆棉花是受自然灾害影响较严重的作物，也是再生能力、补偿能力较强的作物。了解新疆棉花主要灾害及特点，积极采取科学防灾减灾措施，对保证棉花生产、减少经济损失具有重要意义。

新疆棉区气象灾害类型有其共性，也有其特殊性。新疆棉区主要气象灾害有霜冻、低温冷害、倒春寒、干热风、干旱、风灾、雹灾、雨涝、冷态年型等，灾害的种类多，几乎棉花全生育期各阶段都有气象灾害，灾害性天气已经成为影响新疆棉花优质、高产、低成本生产的重要制约因素。

新疆农业基础设施薄弱，导致农业生产对自然环境条件的依附性较强、抵御自然灾害的能力很弱。新疆是我国重要的棉花生产基地，但因受气象灾害性天气影响，每年因灾害的直接经济损失少则几千万多则数亿元。因此，在新疆种植棉花，掌握棉花防灾减灾有关知识具有重要意义，务必做好防灾减灾工作。

二、棉花自然灾害预防

目前，预防灾害的主要技术措施有：预防技术（建立各种灾害性预测预报）、躲避技术（通过促早熟等措施调节生长发育进程）、抵抗技术（选育抗逆品种、健苗练苗等）、控制技术（人工干扰气候等）、灾害补救技术（受灾后采取科学技术手段促其恢复生长）。棉花具有较强的再生能力，只要条件具备，及时补救，就能恢复生长，降低损失。

三、新疆植棉防灾减灾经验

防止气象灾害，首先考虑本地区是否适于植棉；其次结合当地灾害气象规律，选用适合于当地气候的棉花品种，棉花品种熟性不对路，就可能受灾害影响。1996年，南疆因出现冷态年型，而且又大量引进了生长期较长的内地棉花品种，造成大幅度减产。经常发生冰雹危害的地方，最好做好人工干预工作，配备人工干预设备。一般新疆春季气温呈波浪式上升，往往冷空气过后，气温迅速回升，而2次气候过程间隔一般为10～15 d，所以冷空气过后播种，一般不会遇到苗前冷害而烂种烂芽。新疆早播棉田常遇到低温冷害，所以对早播棉田重点应预防出苗以后的霜冻灾害，最好的办法是选用双膜覆盖技术。防灾减灾还应根据当年的天气，调整棉花的播种期和播种方式。

在新疆，当冬季积雪多时，往往开春较晚，春雨较多，春温较低，这种年份不宜早播。如果冬季积雪少，3月升温迅速，则有可能出现倒春寒现象，所以早播棉田一定要防止倒春寒天气的危害，避免低温冷害造成烂种烂芽。

随着植棉经验的增加，人们对新疆棉花气象灾害的认识也在加深，防灾抗灾的经验方法也愈来愈多。

四、棉花防灾减灾可利用的棉花特性

棉花是受自然灾害危害较严重的作物，也是再生能力、补偿能力较强的作物。了解棉花再生能力、补偿能力，对防灾减灾具有重要意义。棉花可利用的补偿能力特性包括：无限生长特性、器官同伸性、器官发育特性及相关性。利用这些特性，可为灾害后的棉花生产补救、防灾减灾、降低产量经济损失、协调群体与个体矛盾、调控棉花生长、挖掘棉花产量潜力等提供依据。

五、重播棉田的管理原则与措施

棉田受灾必须翻种的棉田，正处在气温迅速上升或高温季节，翻种后，一方面棉花出苗早、发苗快，棉株营养生长势很强，极易出现旺长；另一方面棉花有效生长时间缩短，务必采取一系列促早熟措施。据此重播棉田的管理应该促控结合，以控为主，缩短营养生长期，加快生殖生长，实现早现蕾、早开花、早结铃。重播的旺苗棉田、壮苗棉田，应推迟到见花后酌情浇头水，以促进营养生长向生殖生长转化。打顶以"时到不等枝"为原则，当果枝达到6～7台时，时间7月10日之前，及时打顶，并在打顶后及时控制伸向大行中间的群枝尖，以保证大行通风透光。早控、轻控、勤控、化控、水控、肥控相结合，子叶期至1叶期喷施缩节胺 4.5 g/hm²，3～4叶期喷施缩节胺 7.5～12 g/hm²，6～7叶期喷施缩节胺 12～18 g/hm²，打顶后喷施缩节胺 45～60 g/hm²。

第二节　新疆十大自然灾害及防治措施

一、冷态年型

冷态年型是指≥10 ℃、≥15 ℃、≥20 ℃积温明显低于历年平均水平，造成棉花产量、品质显著下降的气候年景。一般≥10 ℃积温减少 300 ℃可界定为冷态年型。由于夏秋季出现持续气温偏低，致使棉花不能正常成熟而减产的现象，称为夏秋季的低温冷害。新疆是干旱气候区，干旱气候的特点就是温度变化大，其中年际间气温变化也大。严重的低温年，特别是夏秋季低温年就会造成棉花大幅减产。

1992 年、1996 年为新疆严重的低温冷害年（冷态年型），当年≥10 ℃积温比历年减少 500 ℃左右，造成全疆棉花大幅度减产，减产率达到 30%～40%，并且纤维成熟度、品级指标明显下降。新疆冷态年型较频繁，应引起重视。

冷态年型的棉田管理要以促早发、早熟为重点，划分棉田类型，分类管理，力争晚中求早，最大限度地减少产量和晚发晚熟带来的损失。选用早熟品种，适时打顶，早打顶，及早停水，提高霜前花比例，可有效防止大面积迟发晚熟。

二、霜冻

霜冻是指地面最低温度小于 0 ℃，植株体温降到 0 ℃以下，对棉花组织器官或植株的危害。霜冻是新疆常见的气象灾害，特别是北疆棉花的主要灾害。按霜冻发生的季节霜冻有春、秋霜冻之分。春霜冻指春季升温很不稳定，由于短暂的 0 ℃以下低温造成棉苗的受伤或死亡的现象，常常在棉花出苗以后出现，春霜冻称之为晚霜冻和终霜冻。秋霜冻指秋季由于暂时 0 ℃以下低温造成棉花受伤或死亡的现象，往往是造成棉花停止生长的因素，秋霜冻一般称之为早霜冻。新疆历年均有不同程度的霜冻发生，加强对霜冻的理解，了解霜冻危害的规律，可以降低霜冻对棉花生产的危害，降低经济损失。

在新疆对棉花影响最大的是春霜冻（晚霜冻、终霜冻）。棉花产生春霜冻的因子有两类：一类是气象因子（低温强度和湿度）；另一类为栽培因子。霜冻不一定对棉花造成影响，低温前降雨多少，对棉苗抗冻能力影响较大，尤其是新疆常遇到下雨很少或不下雨，温度仍能降到 0 ℃以下的情况。春霜冻分为大风干旱型霜冻和降雨湿润型霜冻。新疆以大风干旱型霜冻为主，但降雨湿润型霜冻对棉花影响较大。春霜冻在新疆经常发生，以北疆和东疆危害最重。新疆每年春天都能遇到春霜冻，只有出现比较晚的春霜冻，才会形成危害。新疆棉花春霜冻发生时间一般在 4 月初到 5 月上旬，以 4 月中下旬为普遍。秋霜冻分为平流降温型和辐射降温型。新疆多以辐射降温型为主，一般是雨天过后，天气转晴，地面热辐射不能返回引起降温而形成的霜冻，这种霜冻一般强度较小，持续时间较短，多数在凌晨 6：00—8：00 的 2 h。霜冻危害程度有轻重之分，一般分为轻度霜冻、中度霜冻及重度霜冻。根据霜冻危害程度，采取不同的灾后管理对策。

霜冻的危害症状：春霜冻造成烂种、烂根、死苗、发育滞缓等，最终造成缺苗、断垄、晚发，影响产量品质；秋霜冻出现早的年份往往有大量棉铃还没吐絮，形成大量霜后花，使棉花产量和品质都受到极大影响。

棉花的抗冻能力随叶龄增加而减弱。经过适应锻炼的棉苗，子叶可耐 3～4 ℃低温 2 h，死苗率较低，1 片真叶可耐 1～2.5 ℃低温

2 h，2 片真叶可耐 0.5～1 ℃低温 2 h。

霜冻的防御：对于春霜冻：①要根据中长期天气预报，确定好适宜播期，防止过早播种，争取在霜后出苗。一般南疆 4 月 10 日以后播种的棉花，往往可以避开霜冻危害。②采用地膜覆盖点播技术，可有效预防霜冻。③霜冻发生后要及时放苗封洞，及时外放顶膜的棉苗，通过烟熏提高棉苗抗冻能力。④科学判断，及时补种，加强受冻棉花管理，不宜轻易重播。对于秋霜冻：①根据天气预报，调整安排棉花生产，争取初霜冻前棉花成熟。②用整枝、去叶、打顶等措施促进早熟。③霜冻前一天或当天给农田灌水，可提高气温 1～3 ℃，效果较好。④加强田间管理，增强植株抗冻性。

三、倒春寒

4～5 月是新疆棉花播种至出苗的关键季节，此时冷空气活动频繁，时常出现倒春寒天气，致使棉苗受冻死亡，造成严重灾害，导致重播，使棉花产量下降，品质降低，造成很大的经济损失。

倒春寒的防御措施：①根据气象预报确定棉花播种期，使棉花在霜前播种霜后出苗，避开倒春寒危害。②棉花烂种、烂芽现象易在低温高湿环境下发生，掌握适宜墒度、抢墒播种是防止倒春寒烂种的关键，使用适宜的种衣剂拌种包衣也是保证一播全苗的重要措施。③倒春寒来临前可燃放烟雾，顺风燃放使烟雾能覆盖棉田，起到有效增温作用，一般可以增温 2～3 ℃。

四、低温冷害

低温冷害是新疆棉花苗期的主要灾害。低温冷害指气温降到棉花对应生长阶段所需最低温度临界值以下，遭受 0 ℃以上低温，且达到一定时间的危害。不同生长阶段棉花抵御最低温度的临界值不同，抵御的时间也不同。子叶期、花芽分化期临界低温为 18～19 ℃。新疆棉花苗期受低温影响最大，有研究表明不同苗龄的棉苗忍耐低温程度不同（表 15.1）。低温冷害在新疆各植棉区均有发生，发生频率高、持续时间长，一般在 4～5 月发生。

棉花播种后遇长时间 0 ℃以上低温，造成烂种、烂芽或烂根的现象称为棉花春季低温冷害。1981 年以前，新疆还未采用地膜植棉，低温冷害天气常常造成大面积的棉田烂种、烂芽。低温冷害出现较晚时，棉花已经出苗，这时往往形成烂根病害，轻者造成小老苗，重者造成不同程度的缺苗。春季低温冷害是新疆棉花生产中最主要的一个灾害。

表 15.1　不同苗龄棉苗忍耐低温程度

苗龄	温度（℃）	持续时间（d）	受害程度
刚出土	0～1	1	发生冻害
刚出土	−3～−2	1	幼苗死亡
4 日苗龄	0	1～2	轻微冻害
8 日苗龄	0	3	轻微冻害
10 日苗龄	0	2～3	50%死亡

影响棉花春季冷害的气象因子主要是低温强度和持续时间。在新疆，低温常伴有浮尘天气，造成光照不足，使冷害加重。

低温冷害对棉花造成的影响表现在：发育延迟、烂芽、烂根、烂种、僵苗不发（小老苗）、器官分化抑制、叶片和生长点呈水渍状青枯、子叶叶面出现乳白色斑块、甚至死苗等症状。

主要防治措施：烟熏、低温冷害后及时中耕、喷施叶面肥和生长调节剂（赤霉素）等。

五、热害

棉苗热害是地膜棉田特有的气象灾害。由于膜内高温造成棉苗受害或死亡的现象称为棉苗热害。棉苗受热害时，如同蔬菜放在开水锅中一样，发生在一秒钟之内，迅速变为水浸状死亡。

热害主要发生在地膜棉及双膜覆盖的棉田。地膜棉主要是一些棉苗压在膜下，不能及时外放出来，造成热害；双膜覆盖的棉田，主要是揭膜时间稍晚，气温升高造成热害。

热害的预防：播种时调整好播种机械，控制好播种机行走速度，平整好土地，减少种子错位的概率，同时棉花出苗时，要及时查苗放苗。对于采用双膜覆盖的棉田，棉花出苗时要适时揭膜。

六、夏季高温

棉花适宜生长的温度为 20～30 ℃，气温超过 35 ℃对棉花生长不利。新疆不少地区夏季气温常常超过 35 ℃，尤其是吐鲁番地区，每年日最高气温＞35 ℃的日数平均在 70～98 d。

高温对棉花的影响：棉花蕾铃脱落严重，经常有中空、上空现象。

高温危害预防方法：①选用耐高温棉花品种，高温季节保证及时灌水，降低株间温度，使热害减轻。②采取促早熟技术，规避在高温期开花的数量。③塑造合理生殖结构，提高高温后棉花开花成铃的补偿能力。

七、干热风

新疆东疆和南疆部分棉区易发生的灾害。空气干燥度大、太阳辐射强、气温高、风力适中情况下，极易发生干热风危害。干热风常发生在 7 月中下旬至 8 月初棉花对干热风敏感的生殖生长时期。干热风造成棉花花粉活力降低、出现干蕾和蕾铃大量脱落，影响产量和品质。

干热风的预防：选用抗干热风品种是根本措施；采取促早熟技术，规避在干热期开花数量；塑造合理生殖结构，提高干热风后棉花开花成铃的补偿能力。

八、干旱

新疆是灌溉农业，旱害是由于水资源在地区和季节分布上的不平衡，与棉花需水期不能很好配合，不能满足灌溉而造成棉花不能正常生长发育的灾害。干旱可分为春旱、夏旱和秋枯。新疆是干旱气候区，年降水少，蒸发量大，水资源有限，极易发生旱灾。干旱在新疆的表现与内地不同，内地指在一个地区长时间没有较大降水就会出现棉花受旱的现象称为干旱。新疆干旱表现为河流、水库对农田供水不足，造成棉田受旱的现象。

新疆干旱突出表现在春旱和夏旱。春旱主要指 3～4 月，由于供水不足，棉田不能正常进行春灌，从而影响棉花播种的干旱。新疆春季用水十分紧张，特别是南疆更为突出。夏旱是指棉花夏季进入生殖生长阶段，因河流、水库供水不足而使棉田受旱。夏季 6～7 月是棉花水分敏感期，夏旱经常发生。

春旱常造成不能及时播种，缺苗断垄，大小苗严重，对产量影响很大。夏旱造成棉花大量蕾铃脱落，植株矮小，影响花粉受精，受旱植株，叶尖叶缘均发黄皱缩，反卷萎蔫下垂，严重的棉株旱死。

棉花抗旱措施：①采用膜下滴灌节水技术是抗旱最有效的措施。②选用抗旱品种。③勤中耕，减少蒸发，促进根系下扎。④采取全生育期地膜覆盖，灌水时不揭膜。⑤采用冬灌，缓解春天用水压力。冬灌地最好在入冬前把地整好，来年早春铺膜，南疆棉区多采用这种方法。北疆棉区往往来不及整地土壤就封冻了，常在春天进行整地。这时不宜再进行翻地，以免跑墒，及时整地铺膜保墒播种。利用春雨，及时抢墒播种。⑥利用滴灌，采用干播湿出的播种模式。⑦夏季抗旱可采用抗旱剂，如 FA 旱地龙等，旱地龙能促进棉花根系发育，减少蒸腾，可延缓棉田出现旱象 1 周左右。

九、风灾

风灾是新疆棉花常见灾害，新疆有 80 个植棉县（市）受沙漠化和风沙影响，发生频率较高。新疆棉花风灾主要集中在春季，一般 4 月、5 月春季大风较频繁、风级也较高，常达到 6～10 级且持续时间较长，并掺有沙尘，对地膜棉花影响极大。大风的危害主要是风力对棉花的机械破坏作用和沙子对棉花的击打作用。一般 5 级以上大风就可对棉花造成危害，8 级左右大风就会形成棉花重灾。

风灾对棉花的影响表现在：出苗前风灾可造成揭膜，降低地温和土壤墒度，影响出苗率和出苗速度。苗期风灾可造成嫩叶脱水青枯，大叶撕裂破碎，生长点青干，叶片挂断，形成光杆等，土地严重跑墒，重则吹死或埋没棉苗，造成严重缺苗断垄，甚至多次重播或改种。

风灾预防：根据风害症状，把风害分为不同等级，根据不同级别进行救灾补灾。①做好预测预报和防护林建设，大力营造农村防护林网，退耕还林、还草，制裁乱砍滥伐，改善农业生态环境。②做好压膜，调节好播种深度，降低风速。③采用抗倒伏品种、播种深度不宜太浅。④采用与风向垂直的行向，棉苗受风危害较轻，采用沟播也能有效地防御大风的危害。⑤大风来之前，沙土地应采取棉区膜上加土镇压、摆放防风把（可用棉杆、芦苇杆）、支架放风带等以降低作物受害程度。⑥加强水肥管理，风灾棉区在受灾后及时进行中耕追肥。风灾后及时抢播、补种。

风灾后棉花翻种、补种、改种方案的确定：棉花再生能力、补偿能力强，根据损失程度确定翻种、补种、改种方案。一般损失50%以下棉田，受害级别*在 2 级以上的棉株占棉田 85%～90%，均有较好的保留价值，只需人工催芽补种。而死苗、生长点损失和全株叶片青枯达 50%以上的棉田，3 级受害棉株达棉田 80%～90%时，这类棉田要抓住时机及时翻种。如受害级别、受害株率均高，受灾时间晚，5 月下旬以后，可采用改种。

十、冰雹

冰雹是新疆的主要灾害性天气之一，具有地域性、突发性、季节性强，来势凶猛、强度大、持续时间短等特点。虽然持续时间很短，但可以使作物瞬间毁灭。据统计，1977—1992 年，新疆农作物

---

*棉花风灾分为 4 个级别。0 级：棉株基本无风沙危害症状；1 级：棉株倒一叶青枯，倒二、倒三叶边缘青枯，生长点正常；2 级：棉株全株真叶青枯，子叶和生长点基本正常；3 级：棉株子叶与真叶全部青枯，子叶节以上主茎青枯并弯曲，生长点青干。

遭受冰雹灾害面积约 100 万 hm^2，平均每年雹灾面积近 6.7 万 hm^2，约占全疆播种面积的 1%。冰雹发生在 5～9 月，新疆 80% 的冰雹集中在 5～8 月，6～8 月发生频率较高，最多的月份是 6 月、7 月，此时正值棉花现蕾期和开花期，一旦受雹灾，轻则产量下降，重则绝产绝收，给农业生产造成巨大的经济损失。雹灾常伴随大风和降雨。新疆发生雹灾较频繁的地区有阿克苏、第一师，北疆的奎屯河、玛纳斯河流域棉区最为常见。

雹灾强度不同，对棉花影响程度也不同。5 月的冰雹可造成棉田缺苗或改种，7～8 月的冰雹可造成棉田绝收，危害最大。雹灾后棉花生长发育表现为生长发育推迟、成铃推迟、成铃数减少、秋桃比例大、断头棉田上部果枝腋芽处 3～5 d 可发育出叶枝，并代替主茎成为新的生长点。造成的影响表现在：果枝折断、花蕾铃叶片脱落，主茎、生长点严重受损，还易造成土壤板结、地膜受损等。

雹灾后补救：在新疆由于有效生长期短，一般不提倡翻种，可改种，提倡积极补救。一般根据受灾棉花所处发育阶段和受灾程度*确定补救方案和措施。主要方案：对于以 1、2、3 级危害为主的棉田，应及时抢救，加强管理，争取少减产，一般不毁种。对 3、4 级危害为主的棉田，应根据受灾棉花所处发育阶段决定，有效期内的，积极采取措施，促其快速恢复，不毁种；有效期不足的，可改种适宜作物。对以 5 级危害为主的棉田，应尽快改种适宜作物。

---

* 棉花雹灾程度一般分为 5 级。1 级（轻度危害）：叶片破损，顶尖完好，果枝砸掉不足 10%，花蕾脱落不严重，有效期内，能自然恢复，基本不减产；2 级（中度危害）：落叶破叶严重，主茎完好，果枝断枝率 30% 以下，断头率 <50%，多数花蕾脱落，生育进程处于初花期前后，可较快恢复生长，减产较轻；3 级（重度危害）：无叶片，主茎叶节基本完好，腋芽完整，果枝断枝率 60% 以上，断头率 50%～70%，有效期内，加强管理，能恢复生育，一般减产 30%～40%；4 级（严重危害）：无叶片，无果枝，光杆 30% 以上腋叶完好，叶节大部完好，有效蕾期内，加强管理，有一定收获，但减产幅度大；5 级（特种危害）：光杆，腋芽不足 30%，叶节大部被砸坏，有效期内很难恢复，一般毁种。

　　补救措施：①及时排水，中耕晾墒。②2％尿素液＋高效植物生长调节剂＋3 000倍生长激素叶面喷施。③及时整枝。④早灌头水，少量追肥。⑤后期喷施乙烯利。

　　雹灾发生常带有突发性、短时性、局地性等特征，难以控制，因此，对冰雹灾害的防治对策是：①首先务必加强对冰雹活动的监测和预报，尽可能地提高预报时效，抢时间，采取紧急措施，最大限度地减轻灾害损失。②要建立快速反应的冰雹预警系统。③建立人工防雹系统。国内外广泛采用人工消雹，对预防雹灾具有较好效果。④加强农业防雹措施的应用。

附　录

新疆棉花种植技术规程

一、中长细绒棉种植技术规程

前 言

本标准按照 GB/T 1.1—2009《标准化工作导则 第 1 部分：标准的结构和编写》编写。

本标准代替 DB65/T 2264—2005《中长细绒棉种植技术规程》。

本标准技术变化：

——删除了原"2 基本原则"该部分内容；

——增加了"2 规范性引用文件"；

——增加了"3 术语及定义"；

——修订了"4 品质指标"；

——将"3 种子质量"修改为"6.2.3 种子准备"；

——修订了"6 种植技术"；

——修订了"7 滴灌技术"；

——修订了"8 施肥技术"；

——修订了"9 病虫害综合防治技术"。

本标准由新疆维吾尔自治区农业农村厅提出。

本标准由新疆维吾尔自治区农业标委会归口并组织实施。

本标准起草单位：新疆农业科学院经济作物研究所、新疆农业大学、中国农业科学院生物技术研究所、新疆维吾尔自治区植物保护站。

本标准主要起草人：梁亚军、王俊铎、龚照龙、郑巨云、艾先涛、李雪源、匡猛、郭江平、侯小龙、孙国清、张海燕、谭新、陈勇、何立明。

本标准实施应用中的疑问，请咨询新疆维吾尔自治区农业农村厅质量安全监管处、新疆农业科学院经济作物研究所。

对本标准的修改意见建议，请反馈至新疆维吾尔自治区市场监督管理局（乌鲁木齐市新华南路 167 号）、新疆农业科学院经济作物研究所（乌鲁木齐市南昌路 403 号）。

自治区市场监督管理局　联系电话：0991－2817197；传真：0991－2311250；邮编：830004

自治区农业农村厅质量安全监管处　联系电话：0991－2878226；邮编：830049

新疆农业科学院经济作物研究所　联系电话：0991－4530015；传真：0991－4528834；邮编：830091

中长细绒棉种植技术规程

1 范围

本标准规定了中长细绒棉纤维品质、种植生态品质区划、种植技术、滴灌技术、施肥技术、病虫害防治和收获。

本标准适用于中长细绒棉的种植技术要求。

2 规范性引用文件

下列文件对于本文件的应用是必不可少的。凡是注日期的引用文件，仅所注日期的版本适用于本文件。凡是不注日期的引用文件，其最新版本（包括所有的修改单）适用于本文件。

DB65/T 2209　中长绒陆地棉标准

DB65/T 2271　棉花主要病虫害综合防治技术规程

3 术语及定义

下列术语及定义适用于本文件。

3.1　中长绒细绒棉

早、中熟全生育期 120～150 d，品质符合长度 31.0～34.9 mm，断裂比强度大于 32 cN/tex（HVICC），马克隆值 3.7～4.5，可纺 60 支以上的高支纱，整齐度在 83%～85%，衣分≥40%，几项主要品质指标匹配合理，抗枯耐黄的细绒棉。

4　品质指标

长度 31.0～34.9 mm，断裂比强度大于 32 cN/tex（HVICC），马克隆值 3.7～4.5，可纺 60 支以上的高支纱，整齐度在 83%～85%。

5　种植区域选择

适宜种植中长绒棉区的生态条件应具备：≥10 ℃有效积温 4 000 ℃，≥15 ℃有效积温 3 500 ℃，7 月平均温度≥25 ℃且＞25 ℃持续天数多于 45 d，无霜期北疆 180 d、南疆 200 d。

6　种植技术

6.1　品种选择

选用品种按 DB65/T 2209 规定执行，纤维品质长度 31.0～34.9 mm，断裂比强度≥32 cN/tex（HVICC），马克隆值 3.7～4.5，可纺 60 支以上的高支纱，整齐度在 83%～85%，且北疆品种生育期 120～130 d、南疆 130～140 d，霜前花率均年 85% 以上，枯萎病指＜10、黄萎病指＜30。

6.2　播前准备

6.2.1　土地选择

选择土壤肥力中等以上，土地平整，土质一致，耕作层深厚，盐碱轻，土壤有机质含量不低于 1.0%，土壤速效氮 63～65 mg/kg，有效磷（P_2O_5）34～39 mg/kg，速效钾（K_2O）150～200 mg/kg，总盐含量＜0.3%，滴灌设施齐备。

6.2.2　整地

整地质量达到边角整齐，地面平整，质地疏松，土壤细碎，田间干净，田间土壤持水量保持在 70%，同时做好清拾残膜工作。在整地过程中，进行最后一遍条耙前应选用无公害、除草效果好的除草剂进行化学封闭除草处理，喷洒后进行耙耱（耙深约 10 cm）。为防止发生药害，在化学封闭除草 2～3 d 后方可播种。

6.2.3　种子准备

选用种子质量达到国家原种质量要求的包衣种子，纯度＞95%，净度＞95%，发芽率＞90%，健籽率＞80%，水分＜12%。

6.3　适时播种

6.3.1　播期确定

膜下 5 cm 地温稳定通过 10～12 ℃时为适播期，当气温连续5 d 稳定到 14 ℃以上，膜下 5 cm 地温稳定达到 12 ℃时即可播种。北疆适播期在 4 月 15～25 日，南疆适播期在 4 月 5～15 日。

6.3.2　株行距配置

采用"66cm＋10cm＋66cm＋10cm＋66cm＋10cm"的机采棉膜下滴灌种植模式，机械精量穴播器采用 11～13 穴，株距为 120～132 mm，理论播种密度为 20.25 万～21.90 万株/hm²，每公顷理论播种量为 20.25～21.75 kg。

6.3.3　播种质量要求

铺膜平展、压膜严实、采光面大、下籽均匀、1 穴 1 粒、空穴、错位率控制在 2%～3%，播行笔直、接行准确、到头到边、播深适宜，播种深度控制在 1.5～2.0 cm。

6.4　生育进程

a）生育期：南疆 125～130 d，北疆 110～125 d；

b）出苗期：南疆 4 月 15～30 日，北疆 4 月 25 日～5 月 5 日；

c）现蕾期：南疆 5 月 25 日～6 月 5 日，北疆 6 月 1～10 日；

d）开花期：南疆 6 月 25 日～7 月 5 日，北疆 6 月 20 日～7 月5 日。

6.5　各生育时期种植管理技术

6.5.1　苗期管理

根据苗情、气候、土壤等情况，以化调、机械物理调控、叶面调控为主,进行科学管理。

6.5.1.1 中耕 以棉花生长、气候、土壤状况,适时中耕。一般苗期可中耕1~2次,中耕深度10~18 cm。

6.5.1.2 叶面肥调控 对于生长发育未达标的弱苗,可喷施叶面肥1~2次。每亩用尿素0.15 kg+磷酸二氢钾0.1 kg,连施2次,2次间隔10 d。

6.5.1.3 化学调控 为保证棉花稳健生长,壮根壮苗。棉株现行、1~4片真叶时,每亩叶面喷施缩节胺1~3 g。针对5~7叶期旺苗,每亩叶面喷施缩节胺2~3 g。

6.5.2 蕾期管理

采用肥水调控、化控、叶面调控及其他促调措施,并关注蚜虫防治。

6.5.2.1 肥水调控 根据棉花发育指标滴水,滴水1~2次,亩滴灌量约30 m^3。第1次滴水可不滴肥,第2次滴水随水滴施滴灌肥(每亩专用肥8~10 kg、尿素3~5 kg)。

6.5.2.2 化学调控 盛蕾期长势旺的棉田,根据品种对缩节胺敏感程度,亩用缩节胺1.5~3.0 g;初花期每亩喷施缩节胺1.0~2.0 g。

6.5.2.3 病虫害防治 针对病虫害防治重点以预防为主,随时调查病虫害发生状况。主要防治棉蚜、棉叶螨危害。按 DB65/T 2271 规定执行。

6.5.2.4 除草 揭膜后人工及时清除膜下杂草。

6.5.3 花铃期管理

6.5.3.1 肥水调控 每间隔6~7 d滴灌1次,灌水3~4次,每次亩滴灌量30~40 m^3,每次每亩随水滴施滴灌专用肥8~10 kg及尿素3~5 kg。

6.5.3.2 化学调控 7月初,亩喷施缩节胺1.5~2.0 g。打顶10 d后,当顶端果枝伸长10~15 cm时,每亩喷施缩节胺3~5 g。

6.5.3.3 病虫害防治 该时期是棉蚜、棉铃虫、红蜘蛛频发期、重发期,应注意做好预防工作。具体按 DB65/T 2271 规定执行。

6.5.4　打顶

打顶时间要依据棉花品种特性、产量目标结构、棉花长势及当年气候来确定。应按照"时到不等枝，枝到不等时，高到均不等"原则。打顶适宜期：南疆为 7 月 5～15 日；北疆为 6 月 28 日～7 月 5 日。

6.5.5　吐絮期管理

6.5.5.1　每 7～8 d 滴灌 1 次，灌水次数 3～4 次，每次亩滴灌量 30 m³，每次随水滴施滴灌专用肥 8～10 kg。

6.5.5.2　该时期是棉铃虫、红蜘蛛重发期，应注意做好预防工作。具体按 DB65/T 2271 规定执行。

6.5.6　采收要求

中长绒棉属于精纺高品质棉花，对品质品级要求严格，在播种、布局和收获时防止混杂。

6.5.6.1　采取单收单扎，保证纤维的一致性。

6.5.6.2　科学使用脱叶催熟剂，防止影响纤维成熟度。

6.5.6.3　严禁用编织袋、毛毡等物品收花、晒花，防止动植物毛发混入棉花，采用棉布袋收花，杜绝三丝污染。

7　滴灌技术

7.1　滴水次数

在棉花各生育期内灌水次数：南疆 8～12 次，北疆 8～10 次。

7.2　滴水量

a）冬灌水：在封冻前 10～15 d 开始灌水，灌水量 1 200 m³/hm²；

b）春灌水：在播前 10～15 d 进行灌水，灌水量 900～1 200 m³/hm²；

c）生育期滴水：每次亩滴灌量为 20～40 m³。其中盛蕾期、初花期和 8 月底至 9 月初亩滴灌量 20～25 m³，花铃期亩滴灌量 30～40 m³。

7.3　第 1 次滴水时间

南疆盛蕾—初花期第 1 次滴水，北疆第 1 次滴水为出苗水。

7.4 停水时间

南疆在 8 月中下旬，北疆在 8 月上中旬。

8 施肥技术

8.1 基肥

以氮肥、磷肥、钾肥和厩肥（或油渣）作基肥，于秋翻或春翻前撒施，机械深翻。基肥亩施用量为：尿素 20 kg、磷酸二铵约 30 kg、硫酸钾 10 kg、厩肥 2～3 t 或油渣 80～100 kg。

8.2 追肥

全生育期随着滴水每亩滴肥 70～80 kg，追肥亩施用量为：尿素 20 kg、滴灌专用肥 40～50 kg、磷酸二氢钾 10 kg。

9 病虫害综合防治技术

病虫害防治应遵循"预防为主，综合防治"的植保方针，要在较大范围内充分发挥自然控制因素的作用，采取最优化的措施，将有害病虫的种群、数量控制在经济允许损失之下。在新疆，突出加强对棉蚜生物防治，防止棉蚜蜜露污染造成纤维含糖量高，影响中长绒棉的纺织价值。具体按 DB65/T 2271 规定执行。

10 收获

8 月下旬或 9 月上旬开始采收。采收要求：霜前花和霜后花、虫花、落地花、脏花、僵瓣花分收，不采生花。

二、细绒棉膜下滴灌种植技术规程

前　言

本标准按照 GB/T 1.1—2009《标准化工作导则 第 1 部分：标准的结构和编写》编写。

本标准代替 DB65/T 2263—2005《细绒棉滴灌技术规程》。

本标准与 DB65/T 2263—2005《细绒棉滴灌技术规程》相比，主要技术变化如下：

——将标准名称由"细绒棉滴灌技术规程"改为"细绒棉膜下滴灌技术规程"；

——增加了规范性应用文件，并删除了已作废引用文件；

——规范了专业术语和表述方式，规范了单位，并修订了术语和定义；

——修订了主要技术指标相关内容，将生育进程分南北疆表述；

——修订了播前准备相关内容，将冬前灌溉与春灌分开表述；

——修订了播种、施肥、滴水、化控、收获相关内容及指标。

本标准由新疆维吾尔自治区农业农村厅提出。

本标准由新疆维吾尔自治区农业标委会归口并组织实施。

本标准起草单位：新疆农业科学院经济作物研究所、新疆农垦科学院、中国农业科学院生物技术研究所、新疆维吾尔自治区植物保护站。

本标准主要起草人：陈冠文、李雪源、梁亚军、王俊铎、韩焕勇、孙国清、艾先涛、郑巨云、龚照龙、王方永、匡猛、谭新、陈勇、侯小龙。

本标准实施应用中的疑问，请咨询新疆维吾尔自治区农业农村厅质量安全监管处、新疆农垦科学院和新疆农业科学院。

对本标准的修改意见建议，请反馈至新疆维吾尔自治区市场监督管理局（乌鲁木齐市新华南路 167 号）、新疆农垦科学院（石河子市乌伊公路 221 号）和新疆农业科学院（乌鲁木齐市南昌路 403 号）。

自治区市场监督管理局　联系电话：0991－2817197；传真：0991－2311250；邮编：830004

自治区农业农村厅质量安全监管处　联系电话：0991－2878226；邮编：830049

新疆农垦科学院　联系电话：0993－6683664；邮编：832000

新疆农业科学院经济作物研究所　联系电话：0991－4523384；传真：0991－4530015；邮编：830091

细绒棉膜下滴灌种植技术规程

1　范围

本标准规定了细绒棉滴灌种植的主要技术指标、土地选择、播种管理、灌溉、施肥、化学调控、打顶、病虫害防治和收获。

本标准适用于新疆棉区膜下滴灌种植棉田。

2　规范性引用文件

下列文件对于本文件的应用是必不可少的。凡是注日期的引用文件，仅所注日期的版本适用于本文件。凡是不注日期的引用文件，其最新版本（包括所有的修改单）适用于本文件。

NY/T 3243　棉花膜下滴灌水肥一体化技术规程

DB65/T 2266　机采细绒棉种植作业技术规程

DB65/T 2271　棉花主要病虫害综合防治技术规程

DB65/T 3107　棉花膜下滴灌水肥管理技术规程

3　术语和定义

下列术语和定义适用于本文件。

3.1 细绒棉

纤维较细的棉花。手感较滑软，有类丝光泽。手扯长度在 23～33 mm，细度在 4 500～7 000 公支。陆地棉属于细绒棉。

3.2 滴灌技术

利用低压管道系统使水成点滴、缓慢、均匀、定量地浸润根系最发达的区域，使作物主要根系活动区的土壤保持最优含水状态的节水技术。

4 主要技术指标

4.1 产量结构

收获株数 19.5 万～24.0 万株/hm^2，单株成铃 6～8 个，单铃重＞5.5 g，衣分＞40％，霜前花率≥85％。

4.2 生育进程

a）播种期：南疆，4 月 1～15 日；北疆，4 月 5～20 日；

b）出苗期：南疆，4 月 20～30 日；北疆，4 月 25 日～5 月 5 日；

c）现蕾期：南疆，5 月 25～30 日；北疆，5 月 25 日～6 月 5 日；

d）开花期：6 月下旬～7 月初；

e）吐絮期：8 月下旬～9 月上旬。

4.3 肥料投入

皮棉产量 2 250～2 700 kg/hm^2 棉田的施肥总量：有机肥：优质厩肥 15 t/hm^2 以上或油渣 1.5 t/hm^2；化肥：氮肥（N）330～360 kg/hm^2、磷肥（P_2O_5）150～180 kg/hm^2、钾肥（K_2O）90～120 kg/hm^2；微量元素：重点补锌、硼。

4.4 灌溉量

灌溉总量 4 500～5 300 m^3/hm^2。其中，全生育期灌溉定额为 3 000～3 500 m^3/hm^2，灌水次数为 9～11 次，贮水灌溉用水量 1 500～1 800 m^3/hm^2。

5 土地选择

棉田要求土地平整（坡度＜0.3％），土壤肥力中等以上，总盐含量<0.5%，排灌渠系配套。

6　播前准备

6.1　贮水灌溉

6.1.1　冬前贮水灌溉

10月中旬～11月上旬进行畦灌。要求不串灌、不跑水。灌水深度20 cm左右，压盐深度≥80 cm。

6.1.2　春季灌溉

在2～3月地表解冻后，及时进行平地、筑埂、灌水。技术要求同6.1.1。春灌用水量1 200～1 500 m³/hm²。

6.2　土地准备

6.2.1　基肥

人工撒施或机力条施。基肥包括全部有机肥和化肥，化肥施用量为750 kg/hm²，其中N、P、K含量百分比为2∶1∶1。

6.2.2　冬耕

冬耕的时间在冬灌后、封冻前。耕地深度≥25 cm，要求适墒犁地，不重不漏，到边到角，地面无残茬。盐碱较轻的农田可于冬耕后进行平地、耙地作业。

6.2.3　整地

冬耕农田，播前适墒耙地，捡拾残茬、残膜至待播状况；春耕的棉田应在重耙粗切后，及时平地并捡拾残茬、残膜至待播状况。整地的质量要求：土壤细碎、质地疏松、排水良好，田间土壤持水量70%～75%。整地后，及时用除草剂进行土壤封闭。

7　播种

7.1　品种选择

7.1.1　常规棉田

选择生育期适中（北疆为120～130 d、南疆130～145 d）、抗病虫、抗逆性好的品种，且纤维品质能满足市场需求。

7.1.2 机采棉出

7.1.2.1 株型要求 株型紧凑，叶枝较少，第 1 果枝节位高度≥18 cm；茎杆粗壮有韧性，根系发达抗倒伏。

7.1.2.2 叶片要求 叶片上举，叶片小或中等大小，对脱叶剂敏感。

7.1.2.3 结铃吐絮要求 结铃性好，棉铃发育快，吐絮集中，含絮力中等。

7.1.2.4 纤维品质要求 纤维长度≥30 cm，纤维强力≥30 cN/tex，马克隆值为 3.7～4.2，纤维整齐度好。

7.2 播期确定

当 5 cm 地温（或覆膜条件下）连续 3 d 稳定通过 14 ℃，且离终霜期天数少于 7 d 时，即可播种。正常年份的适播期在 4 月上旬～4 月中旬，最佳播期：南疆为 4 月 1～15 日；北疆为 4 月 5～20 日。

7.3 种植配置

7.3.1 种植模式

7.3.1.1 1 膜 4 宽窄行"20 cm＋40 cm＋20 cm"种植模式 采用 110 cm 幅宽地膜，膜上行距 20 cm＋40 cm＋20 cm，交接行行距 60 cm，株距 8～10 cm，理论播种株数 24.0 万～27.0 万株/hm²，收获株数 21.0 万～24.0 万株/hm²。

7.3.1.2 1 膜 6 行"10 cm＋66 cm＋10 cm＋66 cm＋10 cm"种植模式 采用 200 cm 幅宽地膜，膜上行距 10 cm＋66 cm＋10 cm＋66 cm＋10 cm，交接行行距 66 cm，株距 10.5～13.2 cm，理论播种株数 20.25 万～25.20 万株/hm²，收获株数 18.0 万～21.0 万株/hm²。

7.3.1.3 1 膜 3 行等行距"76 cm＋76 cm"种植模式 采用 200 cm 幅宽地膜，膜上行距 76 cm＋76 cm，交接行行距 76 cm，株距 7.2～9.5 cm，理论播种株数 13.50 万～18.00 万株/hm²，收获株数 11.40 万～15.30 万株/hm²。

7.3.2 滴灌带铺设模式

7.3.2.1 1 膜 2 管 即 1 膜铺 2 条滴灌带。1 膜 4 行种植模式，滴管带铺设在窄行中间；1膜6行及1膜3行种植模式，滴管带铺设在宽行中间（或向边行偏5 cm）。

7.3.2.2　1膜3管　即1膜铺3条滴灌带。1膜6行种植模式，滴管带铺设在窄行中间；1膜3行播种模式，滴管带铺设在苗行一侧5～8 cm处。

7.4　适期播种

膜下5 cm地温稳定通过10～12 ℃时为适播期，当气温连续5 d稳定到14 ℃以上，膜下5 cm地温稳定达到12 ℃时即可播种。播种深度2.5～3.0 cm，覆土宽度5～7 cm并镇压严实，覆土厚度0.5～1.0 cm，空穴率≤3%。边行外侧保持≥5 cm的采光带。要求播行要直，接幅要准，播种到边到头，地膜、毛管、播种1次完成。

8　播后管理

8.1　加压膜埂

播种时膜上未加压膜土埂的棉田，播种后及时加压膜埂，约10 m加1条。与此同时，对未压好的膜头、膜边及膜上孔洞，及时加土压实。

8.2　补种

播种后及时对漏播地段和条田四边无法机播的地段，进行人工补种。

8.3　中耕

土地板结和地下水位较高的棉田，播后及时中耕。中耕深度12～15 cm，中耕宽度以保证苗行有8～10 cm保护带为准。要求中耕后土块细碎，地面平整。

8.4　滴出苗水

未贮水灌溉的棉田，播种后及时安装支管，接通毛管，当膜下5 cm地温稳定通过12 ℃以上，且离终霜期天数≤7 d时，滴出苗水。滴水量，"1膜2管"方式为150～225 m³/hm²，"1膜3管"方式为300 m³/hm²。

9 灌溉技术

9.1 灌溉制度

生育期的灌溉制度。全生育期灌溉定额为 3 000～3 500 m³/hm²，灌水次数为 9～11 次。其灌溉制度见附表 1 和附表 2。

附表 1　膜下滴灌的灌溉制度表（干播湿出棉田）

生育阶段	北疆			
	苗期	蕾期	花铃期	吐絮期
灌水定额（m³/hm²）	210	300	300～375	240
灌水周期（d）			6～8	
灌水次数（次）	1	1	6～7	1
	南疆			
灌水定额（m³/hm²）	210	300	320～400	240
灌水周期（d）			6～8	
灌水次数（次）	1	1	7～8	1

注：上述灌溉指标还可根据土壤质地、苗情和天气状况作适当调整。

附表 2　膜下滴灌的灌溉制度表（冬灌棉田）

生育阶段	北疆			
	苗期	蕾期	花铃期	吐絮期
灌水定额（m³/hm²）	150	300	300～375	210
灌水周期（d）			6～8	
灌水次数（次）	1	1	6～7	1
	南疆			
灌水定额（m³/hm²）	150	300	320～400	210
灌水周期（d）			6～8	
灌水次数（次）	1	1	7～8	1

注：上述灌溉指标还可根据土壤质地、苗情和天气状况作适当调整。

9.2 灌溉管理

按 DB65/T 3107 的规定执行。

10 施肥技术

10.1 基肥

同 6.2.1。

10.2 生育期追肥

10.2.1 随水滴肥

将肥料放入施肥罐中搅拌均匀,滴水进行 1 h 后,开始随水施肥;滴水结束前 1 h 停止施肥。

10.2.2 滴灌用肥要求

水溶性好,杂质和有害物质少,各营养元素之间无拮抗作用。

10.2.3 生育期追肥

按 NY/T 3243 规定执行。

10.3 叶面肥

各生育期的弱苗棉田,可喷施叶面肥。叶面肥量,尿素 2.25 kg/hm² + 磷酸二氢钾 1.5 kg/hm²。

苗、蕾期表现缺锌的棉田,连喷 2 次 0.2% 的硫酸锌,2 次间隔 10 d。

盛蕾期表现缺硼的棉田,于盛蕾期和初花期各喷 1 次 0.2% 的硼肥。

11 化控技术

11.1 苗期化控

棉株 1~2 片真叶时,机械喷施缩节胺 4.5~7.5 g/hm²,或人工喷施缩节胺 3.0~4.5 g/hm²。6 叶期的壮苗田和旺苗田,机械喷施缩节胺 7.5~12.0 g/hm²,或人工喷施缩节胺 4.5~7.5 g/hm²。

11.2 蕾期化控

盛蕾期的旺苗棉田,机械喷施缩节胺 22.5 g/hm²,或人工喷施缩节胺 15.0 g/hm²。初花期灌头水的壮、旺苗棉田,第 1 次滴水前机械喷施缩节胺 22.5~45.0 g/hm²,或人工喷施缩节胺 15.0~30.0 g/hm²。

11.3　花铃期化控

壮、旺苗棉田，第 1 次滴水前机械喷施缩节胺 30.0～45.0 g/hm²，或人工喷施缩节胺 20.0～30.0 g/hm²。第 2 次滴水前机械喷施缩节胺 45.0～60.0 g/hm²，或人工喷施缩节胺 30.0～40.0 g/hm²。打顶后，当顶端果枝伸长 5～10 cm 时，机械喷施缩节胺 90.0～120.0 g/hm²，或人工喷施缩节胺 60.0～80.0 g/hm²。

11.4　化学脱叶

按 DB65/T 2266 的规定执行。

12　适时打顶

南疆打顶时期为 7 月 5～10 日；北疆为 6 月 28 日～7 月 5 日。

13　病虫害综合防治

按 DB65/T 2271 的规定执行。

14　收获

14.1　人工采摘

8 月下旬或 9 月上旬开始采收。采收要求：霜前花和霜后花、虫花、落地花、脏花、僵瓣花分收，不采生花。

14.2　机械采收

棉株脱叶率达到 92％以上、吐絮率达到 95％以上时进行机械采收。采收按 DB65/T 2266 规定执行。

三、细绒棉高产优质高效栽培技术规程

前　言

本标准按照 GB/T 1.1—2009《标准化工作导则 第 1 部分：标准的结构和编写》编写。

本标准代替 DB65/T 2267—2005《细绒棉高产优质高效栽培技术规程》。

本标准与 DB65/T 2267—2005《细绒棉高产优质高效栽培技术规程》相比，主要技术变化如下：

——增加了规范性应用文件，并删除了已作废引用文件；

——规范了专业术语和表述方式，规范了单位，并修订了术语和定义；

——修订了主要技术指标相关内容，将生育进程分南北疆表述；

——修订了播前准备相关内容，将冬前灌溉与春灌分开表述；

——修订了播种、施肥、滴水、化控、收获相关内容及指标。

本标准由新疆维吾尔自治区农业农村厅提出。

本标准由新疆维吾尔自治区农业标委会归口并组织实施。

本标准起草单位：新疆农业科学院经济作物研究所、新疆农垦科学院、新疆农业大学、新疆维吾尔自治区植物保护站。

本标准主要起草人：陈冠文、李雪源、梁亚军、龚照龙、余渝、王俊铎、匡猛、艾先涛、郑巨云、李吉莲、张海燕、郭江平、莫明、陈勇、何立明。

本标准实施应用中的疑问，请咨询新疆维吾尔自治区农业农村厅质量安全监管处、新疆农垦科学院、新疆农业科学院经济作物研究所。

对本标准的修改意见建议，请反馈至新疆维吾尔自治区市场监督管理局（乌鲁木齐市新华南路 167 号）、新疆农业科学院经济作物研究所（乌鲁木齐市南昌路 403 号）。

自治区市场监督管理局　联系电话：0991－2817197；传真：0991－2311250；邮编：830004

自治区农业农村厅质量安全监管处　联系电话：0991－2878226；邮编：830049

新疆农垦科学院　联系电话：0993－6683664；邮编：832000

新疆农业科学院经济作物研究所　联系电话：0991－4530015；传真：0991－4528834；邮编：830091

细绒棉高产优质高效栽培技术规程

1　范围

本标准规定了高产优质高效细绒棉栽培的主要技术指标、土地选择、播前管理、播种、播后管理、苗期管理、蕾期管理、花铃期管理、吐絮期管理和收获的要求。

本标准适用于细绒棉膜下滴灌机采棉田。

2　规范性引用文件

下列文件对于本文件的应用是必不可少的。凡是注日期的引用文件，仅所注日期的版本适用于本文件。凡是不注日期的引用文件，其最新版本（包括所有的修改单）适用于本文件。

GB 1103.1　棉花第 1 部分锯齿加工细绒棉

GB 13735　聚乙烯吹塑农用地面覆盖薄膜

GB/T 19812.1　塑料节水灌溉器材 第 1 部分：单翼迷宫滴灌带

NY/T 1133　机采棉作业质量

DB65/T 2271　棉花主要病虫害综合防治技术规程

DB65/T 3107　棉花膜下滴灌水肥管理技术规程

DB65/T 3843.6　棉花全程机械化技术规程 第 6 部分：植保（脱叶）作业

DB65/T 3843.7　棉花全程机械化技术规程 第 7 部分：采收作业

3　术语和定义

下列术语和定义适用于本文件。

3.1　细绒棉

纤维较细的棉花。手感较滑软，有类丝光泽。手扯长度在23～33 mm，细度在 4 500～7 000 公支。陆地棉属于细绒棉。

3.2　滴灌技术

利用低压管道系统使水成点滴、缓慢、均匀、定量地浸润根系最发达的区域，使作物主要根系活动区的土壤保持最优含水状态的节水技术。

4　主要技术指标

4.1　高产指标

收获株数 19.5 万～24 万株/hm²，单株成铃 6～9 个，单铃重 >5.8 g，衣分 >40%，霜前花率 ≥85%，皮棉产量 ≥2 700 kg/hm²。

4.2　优质指标

细绒棉质量符合 GB 1103.1 的规定，纤维长度 ≥30 cm，纤维强力 ≥30 cN/tex，马克隆值为 3.7～4.2，纤维整齐度 >80%，含杂率 ≤13%，含水率 ≤12%。

4.3　高效指标

人均管理面积 10.00～13.33 hm²，人均生产皮棉 27 000～36 000 kg。

4.4　生育进程

生育进程包括播种期、出苗期、现蕾期、开花期、吐絮期 5 个时期。

　　a) 播种期：南疆，4 月 1～15 日；北疆，4 月 5～20 日；

　　b) 出苗期：南疆，4 月 20～30 日；北疆，4 月 25 日～5 月 5 日；

　　c) 现蕾期：南疆，5 月 25～30 日；北疆，5 月 25 日～6 月 5 日；

　　d) 开花期：6 月下旬～7 月初；

　　e) 吐絮期：8 月下旬～9 月上旬。

4.5　肥料投入

　　有机肥：优质厩肥 15 t/hm² 以上或油渣 1.5 t/hm²。化肥：氮肥（N）330～360 kg/hm²、磷肥（P_2O_5）150～180 kg/hm²、钾肥（K_2O）90～120 kg/hm²。

4.6　水资源投入

　　灌溉总量 4 500～5 300 m³/hm²。其中，全生育期灌溉定额为 3 000～3 500 m³/hm²，灌水次数为 8～12 次，贮水灌溉用水量 1 500～1 800 m³/hm²。

5　土地选择

　　棉田要求土地平整（坡度<0.3%），土壤肥力中等以上，总盐含量<0.5%，排灌渠系配套。

6　播前准备

6.1　贮水灌溉

6.1.1　冬前贮水灌溉

　　10 月中旬～11 月上旬进行畦灌。要求不串灌、不跑水。灌水深度 20 cm，压盐深度≥80 cm。盐碱大的棉田，保持水层 2～4 d，并在水层稳定后及时削埂入水洗盐。稻茬田可不进行冬灌，油葵茬进行秋翻冬灌，小麦茬进行秋耕晒垡后冬灌。盐碱轻的重茬棉田，可带茬灌水。

6.1.2　春季灌溉

　　在 2～3 月地表解冻后，及时进行平地、筑埂、灌水。技术要求同上。春灌用水量 1 200～1 500 m³/hm²。

6.2 土地准备

6.2.1 基肥

冬耕前，人工撒施或机力条施。基肥包括全部有机肥和 750 kg/hm² 化肥，N、P、K 肥用量为：20%～30% 的氮肥、70%～80% 的磷肥和 50%～70% 的钾肥。

6.2.2 冬耕

冬耕时间在冬灌后，封冻前。耕地深度≥25 cm，要求适墒犁地，不重不漏，到边到角，地面无残茬。盐碱较轻的农田可于冬耕后进行平、耙作业。

6.2.3 整地

冬耕农田，播前适墒耙地，捡拾残茬、残膜至待播状况；春耕的棉田应在重耙粗切后，及时平地并捡拾残茬、残膜至待播状况。整地的质量要求：边角整齐，地面平整，质地疏松，土壤细碎，田间干净，田间土壤持水量保持在 70%，同时做好清拾残膜工作。

6.2.4 化学封闭

整地后，及时用除草剂进行土壤封闭。

6.2.5 地膜选择

按 GB 13735 的规定执行。

6.2.6 滴灌带准备

按 GB/T 19812.1 的规定执行。

7 播种

7.1 品种选择

机采棉品种在具备早熟、优质、丰产、抗病的基础上，同时具备始果枝节位不低于 18 cm、株型紧凑、植株坚韧、抗倒伏、吐絮集中、成熟一致，叶片上举，叶片小或中等大小，对脱叶剂敏感，单铃重＞5.5 g，衣分＞40%，纤维长度≥30 cm，纤维强力≥30 cN/tex，马克隆值为 3.7～4.2，纤维整齐度好。

北疆品种生育期为 120～125 d，南疆为 130～135 d。

7.2　确定播种期

当 5 cm 地温（或覆膜条件下）连续 3 d 稳定通过 12 ℃，且离终霜期天数少于 7 d 时即可播种。正常年份的适宜播期在 4 月上、中旬，最佳播期：南疆，4 月 1～15 日；北疆，4 月 5～20 日。

7.3　种植配置

7.3.1　种植模式

7.3.1.1　1 膜 4 宽窄行"20 cm＋40 cm＋20 cm"种植模式　采用 110 cm 幅宽地膜，膜上行距 20 cm＋40 cm＋20 cm，交接行行距 60 cm，株距 8～10 cm，理论播种株数 24.0 万～27.0 万株/hm²，收获株数 21.0 万～24.0 万株/hm²。

7.3.1.2　1 膜 6 行"10 cm＋66 cm＋10 cm＋66 cm＋10 cm"种植模式　采用 200 cm 幅宽地膜，膜上行距 10 cm＋66 cm＋10 cm＋66 cm＋10 cm，交接行行距 66 cm，株距 10.5～13.2 cm，理论播种株数 20.25 万～25.20 万株/hm²，收获株数 18.0 万～21.0 万株/hm²。

7.3.1.3　1 膜 3 行等行距"76 cm＋76 cm"种植模式　采用 200 cm 幅宽地膜，膜上行距 76 cm＋76 cm，交接行行距 76 cm，株距 7.2～9.5 cm，理论播种株数 13.5 万～18.0 万株/hm²，收获株数 11.4 万～15.3 万株/hm²。

7.3.2　滴灌带铺设模式

7.3.2.1　1 膜 2 管　即 1 膜铺 2 条滴灌带。1 膜 4 行种植模式，滴管带铺设在窄行中间；1 膜 6 行及 1 膜 3 行种植模式，滴管带铺设在宽行中间（或向边行偏 5 cm）。

7.3.2.2　1 膜 3 管　即 1 膜铺 3 条滴灌带。1 膜 6 行种植模式，滴管带铺设在窄行中间；1 膜 3 行播种模式，滴管带铺设在苗行一侧 5～8 cm 处。

7.4　适期播种

膜下 5 cm 地温稳定通过 10～12 ℃时为适播期，当气温连续 5 d 稳定到 14 ℃以上，膜下 5 cm 地温稳定达到 12 ℃时即可播种。播种深度 2.5～3.0 cm，覆土宽度 5～7 cm 并镇压严实，覆土厚度 0.5～1.0 cm，空穴率≤3%。边行外侧保持≥5 cm 的采光带。要求播行要直，接幅要准，播种到边到头，地膜、毛管、播种 1 次完成。

8　播后管理

8.1　加压膜埂

播种时膜上未加压膜土埂的棉田，播种后及时加压膜埂，约 10 m 加 1 条。与此同时，对未压好的膜头、膜边及膜上孔洞，及时加土压实。

8.2　补种

播种后及时对漏播地段和条田四边无法机播的地段，进行人工补种。

8.3　中耕

土地板结和地下水位较高的棉田，播后及时中耕。中耕深度 12～15 cm，中耕宽度以保证苗行有 8～10 cm 保护带为准。中耕器后带碎土器。要求中耕后土块细碎，地面平整。

8.4　适时滴好出苗水

未贮水灌溉的滴灌棉田，播种后及时安装支管，接通毛管，当膜下 5 cm 地温稳定通过 12 ℃，且离终霜期天数≤7 d 时，及时滴出苗水，滴水量 150～300 m³/hm²。

8.5　灌溉管理

按 DB65/T 3107 的规定执行。

9　苗期管理

9.1　放苗封孔

棉苗出土 30％～50％，子叶转绿时，及时放出压在膜下的棉苗，并加土封孔。

9.2　及时定苗

棉苗出齐后，于子叶期开始定苗，每穴 1 苗，在定苗的同时，人工拔除穴内及行间杂草。

9.3　机械中耕松土、除草

现行后及时中耕，同时铲除大行杂草。

9.4　化学调控

1～2 片真叶时，叶面喷施缩节胺 15～30 g/hm²；6～8 叶期的壮苗田和旺苗田，叶面喷施缩节胺 30～45 g/hm²。

9.5　喷施叶面肥

弱苗棉田，喷施叶面肥 1～2 次。叶面肥为尿素 22.5 kg/hm² ＋磷酸二氢钾 22.5 kg/hm²。

9.6　病虫害防治

按 DB65/T 2271 的规定执行。

10　蕾期管理

10.1　灌水

现蕾至始花期滴第 1 水，蕾期滴灌 1～2 次。滴水量根据苗情、土壤墒情和土壤质地确定，滴水量 300～450 m³/hm²。灌溉管理按 DB65/T 3107 的规定执行。

10.2　施肥

随水滴肥，以氮为主，磷、钾为辅的水溶性肥料 1～2 次，施肥量占追肥总量的 15%～25%。滴灌用肥要求水溶性好、杂质和有害物质少，各营养元素之间无拮抗作用。

10.3　化控

盛蕾期的旺苗棉田，叶面喷施缩节胺 22.5 g/hm²；初花期灌头水的壮、旺苗棉田，头水前叶面喷施缩节胺 22.5～45.0 g/hm²。

10.4　中耕除草

壤土和黏土棉田，蕾期中耕 1～2 次，中耕深度 16～18 cm，同时结合人工拔除株间杂草。沙壤土棉田可中耕 1 次或不中耕。

10.5　病虫害防治

针对病虫害防治重点以预防为主，随时调查病虫害发生状况。主要防治棉蚜、棉叶螨危害。具体按 DB65/T 2271 的规定执行。

11　花铃期管理

11.1　灌水

花铃期滴水 6～8 次；2 次间隔天数 6～8 d，沙土和弱苗棉田取上限，黏土和旺长棉田取下限。每次滴水量 300～375 m^3/hm^2。灌溉管理按 DB65/T 3107 的规定执行。

11.2　施肥

追肥总量占总施肥量的 75%～85%。随水滴施 5～7 次；除早衰棉田外，最后一水不施肥。追肥方案见附表 3。

附表 3　花铃期施肥方案

初花期—盛花期		盛花期—红花上顶		红花上顶—吐絮期		占比合计 (%)
次数	占比（%）	次数	占比（%）	次数	占比（%）	
1～2	40～45	2～3	25～30	1	10	75～85

11.3　化控

壮苗棉田，在第 1 水滴灌前喷施缩节胺 30～45 g/hm^2；在第 2 次滴水前喷施缩节胺 45～60 g/hm^2；打顶后，当顶端果枝伸长 5～10 cm 时，喷施缩节胺 90～120 g/hm^2。旺苗和弱苗棉田酌情增、减施用量。

11.4　打顶

打顶时间要依据棉花品种特性、产量目标结构、棉花长势及当年气候来确定。应按照"时到不等枝，枝到不等时，高到均不等"原则。打顶适宜期：南疆为 7 月 5～15 日；北疆为 6 月 28 日～7 月 5 日。

11.5　病虫害防治

该时期是棉蚜、棉铃虫、红蜘蛛频发期、重发期，应注意做好防治工作。按 DB65/T 2271 的规定执行。

12　吐絮期管理

12.1　适时停水

停水时间：南疆在 9 月上旬，北疆在 8 月下旬或 9 月初。

12.2　脱叶催熟

按 DB65/T 3843.6 的规定执行。

13　收获

13.1　揭膜清田

第 1 水前揭膜的滴灌棉田，机采前收尽滴灌带；第 1 水前不揭膜的滴灌棉田，机采前收尽主管，机采后采用残膜回收机回收残膜。采收前人工破埂、拔除杂草，清除影响采棉机工作的障碍物。

13.2　收获要求

按 NY/T 1133 的规定执行。

13.3　机械采收

按 DB65/T 3843.7 的规定执行。

四、机采细绒棉种植技术规程

前　言

本标准按照 GB/T 1.1—2009《标准化工作导则 第 1 部分：标准的结构和编写》编写。

本标准代替 DB65/T 2266—2005《机采细绒棉种植作业技术规程》。

本标准与 DB65/T 2266—2005《机采细绒棉种植作业技术规程》相比，主要技术变化如下：

——将标准名称由"机采细绒棉种植作业技术规程"修改为"机采细绒棉种植技术规程"；

——增加了规范性应用文件；

——规范了专业术语和表述方式；

——修订了品种选择指标，将始果枝节位"15 cm"修改为"20 cm"，规定了品种生育期指标；

——修订了播种、生育期、施肥、滴水、化控、收获相关内容、指标。

本标准由新疆维吾尔自治区农业农村厅提出。

本标准由新疆维吾尔自治区农业标委会归口并组织实施。

本标准起草单位：新疆农业科学院经济作物研究所、新疆农垦科学院、新疆维吾尔自治区植物保护站、中国农业科学院生物技术研究所。

本标准主要起草人：余渝、李雪源、韩焕勇、梁亚军、田笑明、王俊铎、王方永、艾先涛、匡猛、郑巨云、龚照龙、孙国清、谭新。

本标准实施应用中的疑问，请咨询新疆维吾尔自治区农业农村厅质量安全监管处、新疆农垦科学院、新疆农业科学院经济作物研究所。

对本标准的修改意见建议，请反馈至新疆维吾尔自治区市场监督管理局（乌鲁木齐市新华南路 167 号）、新疆农垦科学院（新疆石河子市乌伊公路 221 号）、新疆农业科学院经济作物研究所（乌鲁木齐市南昌路 403 号）。

自治区市场监督管理局　联系电话：0991 - 2817197；传真：0991 - 2311250；邮编：830004

自治区农业农村厅质量安全监管处　联系电话：0991 - 2878226；邮编：830049

新疆农垦科学院　联系电话：0993 - 6683527；邮编：832000

新疆农业科学院经济作物研究所　联系电话：0991 - 4523384；邮编：830091

机采细绒棉种植技术规程

1　范围

本标准规定了机采细绒棉种植的术语和定义、播前准备、播种、生育期管理、化学脱叶技术和收获准备要求。

本标准适用于植棉集约化水平高、适宜发展机采棉的地区。

2　规范性引用文件

下列文件对于本文件的应用是必不可少的。凡是注日期的引用文件，仅所注日期的版本适用于本文件。凡是不注日期的引用文件，其最新版本（包括所有的修改单）适用于本文件。

GB/T 25414　棉花种植用地膜厚度限值及测定

NY/T 1133　采棉机作业质量

DB65/T 2271　棉花主要病虫害综合防治技术规程

DB65/T 3843.6　棉花生产全程机械化技术规程 第 6 部分：植保（脱叶）作业

DB65/T 3843.7　棉花生产全程机械化技术规程 第 7 部分：

采收作业

3 术语及定义

下列术语及定义适用于本文件。

3.1 细绒棉

纤维较细的棉花。手感较滑软，有类丝光泽。手扯长度在23～33 mm，细度在 4 500～7 000 公支。陆地棉属于细绒棉。

4 播前准备

4.1 品种选择

机采棉品种在具备早熟、优质、丰产、抗病的基础上，同时具备始果枝节位不低于 20 cm、株型紧凑、植株坚韧、抗倒伏、吐絮集中、成熟一致、对脱叶剂敏感的特点。

北疆品种生育期为 120～125 d，南疆为 130～135 d。

4.2 土地准备

4.2.1 土地选择

选择集中连片 50 亩以上，土地平整、排灌方便，便于机械收获的土地。

4.2.2 整地

播前适墒耙地，捡拾残茬、残膜至待播状况，整地质量达到边角整齐，土地平整，土壤细碎，质地疏松，田间土壤持水量在 70% 左右。

4.2.3 化学除草

在整地后，播种前进行化学封闭除草处理。选用效果好、无公害除草剂，喷洒要均匀一致，不重不漏，及时耙地处理。

5 播种

5.1 株行距配置

a）株行距采用"10 cm＋66 cm＋10 cm＋66 cm＋10 cm"的宽窄行带状种植，行间播种孔之间呈三角带状分布，株距 9.0～12.0 cm，理论株数 21.9 万～29.25 万株/hm²；

b）株行距采用"76 cm＋76 cm"的等行距带状种植，株距5.0～6.0 m，理论株数21.75万～26.25万株/hm²；

c）株行距采用"76 cm＋76 cm"的等行距杂交棉种植，株距8.0～9.0 cm，理论株数14.7万～16.35万株/hm²。

5.2 地膜选择

按GB/T 25414的规定执行。

5.3 适时早播

5.3.1 严格种子质量

种子质量是精量播种技术实施的关键，在机械清选的基础上，人工务必进行逐粒精选工作，保证种子纯度＞96％，净度＞95％，发芽率＞85％，含水率＜12％；经种子专用种衣剂包衣处理后，残酸含量＜0.15％，破碎率＜3％。

5.3.2 适期早播

当地膜内5 cm地温3 d内稳定通过12 ℃时开始播种，最适播期为4月1～20日。

5.4 播种质量

采用精量播种技术。播前地头打好起落线，留1播幅，要求播种机升降一致，机车能上路的条田不留横头。播种质量要求达到"开沟展膜同1线，压膜严实膜面展，打孔彻底不错位，下种均匀无空穴，覆土均匀1条线"。播行端直，接行准确，下籽均匀，膜面平展，压膜严实，覆土适宜。单粒率＞95％，错位率＜3％，空穴率＜2％，播种深度1.5～2.0 cm，覆土厚度1.0～1.5 cm。

5.5 出苗

北疆采用干播湿出的棉田，播后尽快安装棉田滴灌系统，48 h内完成滴出苗水工作，滴水量225～300 m³/hm²。

南疆春灌或冬灌的棉田，靠底墒出苗。

6 生育期管理

6.1 生育进程

a）生育期：南疆125～130 d，北疆110～125 d；

　　b）出苗期：南疆 4 月 15～30 日，北疆 4 月 25 日～5 月 5 日；

　　c）现蕾期：南疆 5 月 25 日～6 月 5 日，北疆 6 月 1～10 日；

　　d）开花期：南疆 6 月 25 日～7 月 5 日，北疆 6 月 20～7 月 5 日。

6.2　长势长相

　　a）苗期：壮苗早发，生长稳健、敦实，生育期 30 d 左右，主茎日生长量 0.5～0.7 cm，主茎高度 15 cm 左右，节间长不超过 3 cm，主茎叶片数 5～6 片；

　　b）蕾期：生长稳健，根系发达，早蕾不落，第 1 果枝现蕾节位 5～6 节，5 月底现蕾，6 月底见花，生育天数 25 d 左右，主茎日生长量 0.8～1.0 cm，主茎高 45 cm 左右，叶片数 12～13 片；

　　c）花铃期：初花期稳长，盛花结铃期生长势强，后期不早衰，吐絮不贪青，生育期 70 d 左右，初花到打顶主茎日生长量 1.3～1.5 cm，打顶后保证株高 70～80 cm，果枝台数 8～10 台，主茎叶片数 13～15 片。

6.3　科学施肥

6.3.1　施肥总量

　　尿素 525～600 kg/hm^2，三料磷肥 225～300 kg/hm^2，磷酸二氢钾 225～375 kg/hm^2。

6.3.2　施肥方法及施肥量

6.3.2.1　基肥　结合秋耕春翻，施油渣 1 500 kg/hm^2、尿素 75～150 kg/hm^2、三料磷肥 225～300 kg/hm^2，深翻 30 cm，翻垡一致，扣垡严实，提高肥料利用率。

6.3.2.2　追肥　膜下滴灌棉田视苗情长势随水滴施化肥。6 月随水进肥 2 次，投入追肥总量的 15％～20％，2 次一共投入尿素 90～120 kg/hm^2，磷酸钾铵 75～90 kg/hm^2。7 月随水进肥 4 次，投入追肥总量的 60％～65％，4 次一共投入尿素 270～300 kg/hm^2，磷酸钾铵 225～240 kg/hm^2；8 月随水进肥 2 次，投入追肥总量的 15％～25％，2 次共投入尿素 75～90 kg/hm^2，磷酸钾铵 45～75 kg/hm^2。8 月 15 日前后结束施肥。

6.3.2.3 叶面追肥 根据棉花长势，可在苗期、蕾期喷施尿素或磷酸二氢钾 1 500～2 250 g/hm² 1～2 次。锌肥、硼肥可结合苗情在苗期、蕾期结合化调喷施 1～2 次。

6.4 合理灌溉

全生育期滴 8～10 次，每次 375～450 m³/hm²，总滴水 3 900～4 500 m³/hm²。停水时间在 8 月 25 日前。

6.5 综合调控

6.5.1 化学调控

全生育期进行 3～5 次化学调控。机采棉第 1 果枝距地表在 20 cm 以上，棉株高度 70 cm 以上。

苗期：3～5 叶，以促为主，促进棉株稳长早现蕾，施缩节胺 7.5～30 g/hm²。此期间主茎日生长量在 0.5～0.7 cm。

现蕾期：5～7 叶，施缩节胺 15～30 g/hm²，此期间主茎日生长量在 0.8～1.0 cm。

第 1 水前：8～10 叶，施缩节胺 30～45 g/hm²，长势较好的棉田于头水前 3～5 d 化调。此期间主茎日生长量控制在 1.0～1.2 cm。

第 2 水前：10～12 叶，施用缩节胺 45～60 g/hm²，对点片旺长棉株要及时补控，保证棉株稳健生长，减少蕾铃脱落和空果枝，提高成铃率。此期间主茎日生长量 1.5～1.8 cm。

打顶后 5～7 d：施用缩节胺 75～90 g/hm²，长势旺的棉田打顶后 10 d 再化调 1 次，施用缩节胺 120～150 g/hm²。

6.5.2 适时打顶

南疆在 7 月 5 日～10 日；北疆在 6 月 28 日～7 月 5 日。

6.6 病虫害综合防治

按 DB65/T 2271 的规定执行。

7 化学脱叶技术

按 DB65/T 3843.6 的规定执行。

8 收获

8.1 揭膜清田

头水前揭膜的滴灌棉田,机采前收尽滴灌带;头水前不揭膜的滴灌棉田,机采前收尽主管,机采后采用残膜回收机回收残膜。

采收前人工破埂、拔除杂草,清除影响采棉机工作的障碍物。

8.2 收获要求

按 NY/T 1133 的规定执行。

8.3 机械采收

按 DB65/T 3843.7 的规定执行。

五、长绒棉栽培技术规程

前　言

本标准按照 GB/T 1.1—2009《标准化工作导则 第 1 部分：标准的结构和编写》编写。

本标准代替 DB65/T 2265—2005《长绒棉栽培技术规程》。

本标准与 DB65/T 2265—2005《长绒棉栽培技术规程》相比，主要技术变化如下：

——修改了规范性引用文件；

——规范了专业术语和表述方式；

——修订了产地环境要求及生产区划；

——修订了栽培技术相关技术指标；

——修订了病虫害综合防治方法；

——修订了收获部分内容。

本标准由新疆维吾尔自治区农业农村厅提出。

本标准由新疆维吾尔自治区农业标委会归口并组织实施。

本标准起草单位：新疆农业科学院经济作物研究所、新疆生产建设兵团第一师农科所、新疆农业大学、中国农业科学院生物技术研究所、新疆维吾尔自治区植物保护站。

本标准主要起草人：邰红忠、李雪源、王俊铎、郭仁松、梁亚军、张海燕、谭新、艾先涛、匡猛、郑巨云、孙国清、陈勇、郭江平、何立明。

本标准实施应用中的疑问，请咨询新疆维吾尔自治区农业农村厅质量安全监管处、新疆农业科学院经济作物研究所。

对本标准的修改意见建议，请反馈至新疆维吾尔自治区市场监督管理局（乌鲁木齐市新华南路 167 号）、新疆农业科学院经济作物研究所（乌鲁木齐市南昌路 403 号）。

自治区市场监督管理局　联系电话：0991－2817197；传真：0991－2311250；邮编：830004

自治区农业农村厅质量安全监管处　联系电话：0991－2878226；邮编：830049

新疆农业科学院经济作物研究所　联系电话：0991－4523384；传真：0991－4530015；邮编：830091

长绒棉栽培技术规程

1　范围

本标准规定了长绒棉栽培的术语和定义、种植环境、主要指标、品种、栽培技术、病虫害的综合防治和采收。

本标准适用于地膜覆盖、节水灌溉等技术条件下的长绒棉栽培。

2　规范性引用文件

下列文件对于本文件的应用是必不可少的。凡是注日期的引用文件，仅所注日期的版本适用于本文件。凡是不注日期的引用文件，其最新版本（包括所有的修改单）适用于本文件。

GB/T 19635　棉花 长绒棉

NY/T 503　中耕作物单粒（精密）播种机作业质量

NY/T 1384　棉种泡沫酸脱绒、包衣技术规程

DB65/T 2271　棉花主要病虫害综合防治技术规程

3　术语和定义

下列术语和定义适用于本文件。

3.1　长绒棉

纤维细长的棉花。手感滑软，富于类丝光泽。手扯长度在

33 mm 以上，细度在 7 000 公支以上。海岛棉属于长绒棉。

3.2 出苗期

50％的棉株达到出苗的日期。以子叶平展变绿为准。

3.3 现蕾期

50％的棉株开始现蕾的日期。

3.4 开花期

50％的棉株开始开花的日期。

3.5 吐絮期

50％的棉株开始吐絮的日期。

4 产地环境

4.1 环境要求

适宜的年日照时数需≥2 800 h；年≥10 ℃活动积温≥4 100 ℃；7 月的平均温度≥25 ℃，平均气温＞25 ℃且持续天数在 45 d 以上，6、7、8 月最低温≥15 ℃，活动积温≥2 200 ℃；棉区无霜期平均应≥190 d；土壤含盐量＜0.2％，土壤酸碱度以中性或微碱性为宜，pH 为 6.5～8.5；土壤质地以轻沙壤土、壤土、轻黏土为宜。

4.2 生产区划

新疆长绒棉生产分为南疆早熟长绒棉区和东疆中熟长绒棉区。

4.2.1 南疆早熟长绒棉区

本棉区气候条件，年≥10 ℃活动积温≥4 100 ℃，7 月的平均温度≥25 ℃，平均气温＞25 ℃且持续天数在 45 d 以上，6、7、8月最低温≥15 ℃，活动积温≥2 200 ℃。主要集中在塔里木河上游和孔雀河流域。

4.2.2 东疆中熟长绒棉区

本棉区气候条件，无霜期＞200 d，年≥10 ℃活动积温≥4 500 ℃，≥15 ℃活动积温≥4 100 ℃，7 月的平均温度在 29～32 ℃，平均气温＞25 ℃且持续天数在 88～120 d，6、7、8 月最低温≥15 ℃，活动积温≥2 200 ℃。主要集中在吐鲁番盆地。

4.3　布局要求

长绒棉种植应集中连片，杜绝与细绒棉混合布局生产，并应做到一地一种。

5　主要指标

5.1　产量指标

理论株数 22.5 万～25.5 万株/hm²（亩株数 1.5 万～1.7 万株），保苗率 80%～95%，收获株数 21.0 万株/hm²，单株成铃 10～12 个，单铃重＞3.0 g，衣分 30%～32%，霜前花率≥90%，皮棉产量 1 800～2 100 kg/hm²。

5.2　生育进程

a) 播种期：4 月 1～15 日；

b) 出苗期：4 月 15～30 日；

c) 现蕾期：5 月 15～25 日；

d) 开花期：6 月 15～25 日；

e) 吐絮期：8 月 25 日～9 月 5 日；

f) 全生育期 130～140 d。

5.3　长势长相

a) 苗期：主茎日生长量 0.6～0.8 cm，株高达 20～25 cm，主茎叶 6～7 片；

b) 蕾期：主茎日生长量 0.8～1.2 m，株高达 50～55 cm，主茎叶数达 11～12 片，果枝数达 8～9 台；

c) 花铃期：打顶前主茎日生长量 1.5～2.0 cm，主茎叶 15～17 片，打顶后株高 100～120 cm，果枝台数 12～14 台。

6　品种

选用经过国家或自治区审定、登记的，适应当地自然生态条件，具有优质、抗病、丰产等综合性状较好的早熟、早中熟长绒棉的品种。

7 栽培技术措施

7.1 播前准备

7.1.1 棉田选择

选择无枯、黄萎病或轻病田，肥力中等，地势平坦，灌、排渠畅通，地下水位较低的棉田。

7.1.2 适时深松

3年1次进行秋季深松，深度40～50 cm。深松前实行秸秆粉碎还田，然后进行筑埂冬灌压盐，灌水深度≥20 cm，洗盐压碱深度≥80 cm，耕层总含盐量<0.3%。

7.1.3 翻耕

3月25日～4月10日进行翻耕，翻耕前施基肥，翻耕深度≥30 cm，翻耕后晾晒1～2 d整地。

7.1.4 适墒整地

适时适墒犁地、整地。根据停水时间和土壤质地，合理安排整地顺序。确保整地质量达到：边角整齐，土地平整，土壤细碎，质地疏松，田间持水量为70%，同时做好清拾残膜工作。选用无公害、除草效果好的除草剂进行化学封闭除草处理，喷洒后进行耙糖（耙深约10 cm）。为防止发生药害，在化学封闭除草2～3 d后方可播种。具体按NY/T 503规定执行。

7.2 播种

7.2.1 种子质量

选用经过良种繁育的原种第1代至第3代的2级以上的种子，种子质量按NY/T 1384的规定执行。

7.2.2 播种方式

采用"10 cm+66 cm+10 cm+66 cm+10 cm"的机采棉膜下滴灌种植模式。

7.2.3 播期确定

当5 cm地温连续3 d稳定通过14 ℃时即可播种。棉区适宜播期4月1～20日，最佳播期4月5～15日。

7.2.4 播种质量

采用精量播种机，1 穴 1 粒，空穴率＜3％，播种量 22.5～30.0 kg/hm²。沙壤土较重的播深 2.5～3.5 cm，壤土和黏土 1.5～2.5 cm。覆膜平展，压膜严实，不错位、不移位，行距一致，接行准确，播量准确，下籽均匀，播深适宜，覆土良好。

7.3 播后管理

7.3.1 及时放苗补种

及时查苗，放苗出膜，同时用土封严膜口，遇到连续不出苗的，及时补种。播后遇雨，适墒破除播种行盖土的板结。

7.3.2 中耕除草

播后可进行 1 次中耕，中耕深度 10～15 cm，及时人工拔除杂草。

7.3.3 施肥

根据土壤肥力与产量确定施肥量，增施有机肥，培肥地力，减少化肥用量。

7.3.3.1 基肥 冬前犁地施入基肥，采用全层施肥方法，要求施肥均匀，不漏不重，施肥量准确。施肥时间要与犁地时间同步。基肥包括：尿素 150～225 kg/hm²，磷酸二铵 375～525 kg/hm²，硫酸钾 150～225 kg/hm²。有条件的农户可增施油渣 1 200～1 500 kg/hm²或农家肥 15～30 m³/hm²。

7.3.3.2 追肥 追肥随水施入。追肥包括尿素 375～600 kg/hm²，磷酸二氢钾 150～225 kg/hm²。

7.3.4 灌水

灌水应根据气候、土壤墒情和棉花长势长相灵活掌握，以水量均匀，少量多次，浸润灌溉。根据棉田土壤质地、气候条件灵活掌握，全生育期滴灌 8～12 次，灌量掌握"前少，中多，后少"，灌溉总量为 3 750～4 500 m³/hm²。6 月中旬至下旬开始第 1 次滴水，间隔 6～8 d，每次灌量在 300～375 m³/hm²，7～8 月高温灌量增加到 450 m³/hm²。停水时间 8 月下旬至 9 月上旬。

7.3.5　打顶

坚持"时到不等枝，枝到不等时"的原则，因地制宜，打顶时间为 7 月 1～20 日，株高控制在 90～110 cm，摘除顶部 1 叶 1 心，保留果枝台数 12～14 台。

8　病虫害综合防治

坚持"预防为主，综合防治"的植保方针，加强病虫害的调查，树立"经济生态，环境保护"的观点，坚持以农业防治为基础，生防为主，化防为辅，达到经济、安全、有效地控制病虫害的目的。主要虫害有棉铃虫、棉蚜、棉叶螨；主要病害有枯萎病、黄萎病，以枯萎病为主。按 DB65/T 2271 的规定执行。

9　收获

当棉田大部分棉株上棉铃完全吐絮时，即可人工采摘。采摘前及时清除田间破碎地膜、废弃编织袋等。采摘时要头戴棉布帽，使用棉布兜、棉布袋采摘，防止异性纤维混入，并要求分摘、分晒、分运、分轧。具体按 GB/T 19635 的规定执行。

六、棉花主要病虫害综合防治技术规程

1　范围

本标准规定了棉花主要病虫害防治对象、综合防治策略和指导思想、综合防治技术。

本标准适用于特早熟、早熟和早中熟棉区棉花主要病虫害的综合防治。

2　棉花主要病虫害防治对象

根据新疆棉花病虫害发生危害情况，新疆棉区主要害虫有棉蚜、棉铃虫、棉叶螨、棉蓟马，主要病害有棉花黄萎病、棉花枯萎病和棉花立枯等，新疆各生态棉区主要病害虫发生及危害程度有所不同。

3　棉花主要病虫害综合防治策略和指导思想

棉花病虫害危害是新疆棉花生产的主要制约因素，因此，有效控制棉花主要病虫害危害是棉花生产的关键技术之一。棉花病虫害在防治上应遵循"预防为主，综合防治"的方针，即从各棉区农田生态系统的整体出发，发挥以作物为主体的自然控害能力（棉花的抗病虫性、耐病虫性和超补偿性），通过改善作物布局，增加作物种类的多样性、实施秋耕冬灌等措施，创造有利于天敌增殖、转移的环境，而恶化棉花害虫和病原微生物栖息、繁殖的环境条件，抑制其发生和危害。同时，以准确、及时虫情测报为前提，科学使用农药，维护棉田生态系统的良性循环，以达到控害、增收和保护环境等持续防治的目的。

4　棉花主要虫害及其综合防治技术

4.1　棉花蚜虫

蚜虫俗称蜜虫、腻虫。新疆棉田有棉蚜、棉黑蚜、棉长管蚜、拐枣蚜和桃蚜，同属同翅目蚜科。其中，棉蚜、棉黑蚜和棉长管蚜较为普遍，以棉蚜危害最重。

4.1.1　形态识别

棉蚜在环境条件不同的情况下发生多型现象，棉蚜在棉花上的主要蚜型有干母、干雌、无翅孤雌胎生蚜、有翅孤雌胎生蚜和性蚜等，在棉花上危害主要有无翅孤雌胎生蚜和有翅孤雌胎生蚜。棉蚜体长 1.5～1.9 mm，卵圆形。体色夏季黄绿色或黄色，甚至黄白色，春秋季蓝黑色、深绿色。被薄蜡粉。触角6节，短于体长。第6节鞭部约为基部的2倍，第1、2、6节及第5节端部1/3灰黑色至黑色，腹管深绿色、草绿色或黄色。

4.1.2　危害症状

棉蚜常集中在棉花的叶背面、嫩头、嫩茎上危害，吸取棉花汁液，造成棉花叶片卷缩、棉苗发育迟缓，根系发育不良，现蕾减少，且造成蕾铃脱落。同时，棉蚜危害时排出大量蜜露，不仅影响棉花光合作用，而且导致病菌滋生，棉花吐絮期还导致棉纤维污染，引起棉纤维含糖过高，影响棉花品质。

4.1.3　综合防治技术

4.1.3.1　生态防治　合理调整作物布局，增加棉田生态环境的物种多样性。采取棉花和小麦等农作物插花种植，在田边种植苜蓿油菜等天敌招引作物，创造有利于天敌栖息和繁殖场所，增加天敌数量，提高天敌控害作用。

4.1.3.2　棉蚜越冬虫源防治　早春集中对室内花卉和温室蔬菜如黄瓜、芹菜等的越冬蚜虫进行大范围统一防治，消灭越冬蚜源。温室大棚采取敌敌畏毒土熏蒸或喷施高效、低毒化学农药，如喷施2.5%敌杀死1 500倍液等；室内花卉埋施15%铁灭克颗粒剂，20 cm口径花盆用0.5～1.0 g，或3%呋喃丹5～10 g；室外石榴、花椒、黄金树、梓树等主要寄主植物喷施40%氧化乐果或50%久效磷乳油1 000～1 500倍液即可。冬、春各防一次。

4.1.3.3　农药涂茎　5月至6月上旬加强虫情调查，发现棉蚜中心株，要立即用药剂涂茎，防治中心株及周围棉株上的棉蚜，严禁

大面积喷药。具体操作使用 40％久效磷，视棉花植株的大小按 1
份药配 5 份水（棉花现蕾前）或 3 份水（棉花进入花铃期），制成
药液，使用涂茎器涂于棉花茎杆红绿交接处 3～5 cm，棉花植株较
大时涂的长度稍长（不超过 15 cm），切忌环涂。

4.1.3.4 农药沟施 在北疆特早熟和早熟棉区城镇周围蚜源中心
地带，有条件可使用此防治技术。在 6 月中下旬结合棉田第一次灌
水，沟施农药：15％铁灭克颗粒剂 5.25 kg/hm²，或 3％呋喃丹颗
粒剂 37.5～45.0 kg/hm²。在施药时应做到药量要足，灌水要透，
下药要匀，施药位置要准（距离棉花根部 10 cm，深 10～15 cm），
对于土壤较为黏重地块要适量加大，方可取得较好的效果。另外要
注意安全，收获期与施药期间隔 90 d 以上。

4.1.3.5 农药熏蒸 7 月下旬棉花封垄后，棉田棉蚜严重发生时，
可采用 80％敌敌畏毒土熏蒸的方法有效控制棉花生育后期棉蚜危
害，具体做法是使用敌敌畏乳油 3 000～4 500 g/hm² 与 450 kg/hm²
细沙或 300 kg/hm² 锯末拌匀，在傍晚隔行撒施即可。

4.1.3.6 保护、利用天敌 在棉蚜防治中，利用农药的生态选择
性，即通过内吸性农药的涂茎、沟施和敌敌畏毒土熏蒸，可最大限
度地保护和利用棉田自然天敌的控害作用。

4.2 棉铃虫

属鳞翅目夜蛾科害虫。

4.2.1 形态识别

4.2.1.1 成虫 中等大小，体长 16～17 mm，两翅展开为 27～38 mm。
复眼绿色。雌蛾红褐色，雄蛾灰绿色，前翅有黑色的环状纹和肾状
纹，后翅灰白色沿外缘有黑色带状，宽带中央有 2 个相连的
白斑。

4.2.1.2 卵 馒头形，直径 0.45 mm，高 0.5～0.55 mm，上有纵
横脊纹。卵初产为乳白色，后变黄白色，将孵化时出现紫色圈。

4.2.1.3 幼虫 共 6 个龄期。1～6 龄幼虫体长分别为 2～3 mm、
4～6 mm、9～13 mm、15～24 mm、33～36 mm 和 34～40 mm。幼
虫体色变化很大，可分为 4 个类型，即淡红色、黄白色、淡绿色、

深绿色。气门线多数为白色。3 龄前体上黑色毛瘤明显，4 龄后不甚明显。

4.2.1.4 蛹 纺锤形，暗褐色，长 17～20 mm。腹部末端有 1 对臀刺。

4.2.2 危害症状

棉铃虫危害棉花，主要以幼虫危害棉蕾、花和棉铃。同时，也食害棉花的嫩叶。嫩叶被食后出现空洞和缺刻。幼虫危害蕾和花后，引起花蕾干枯、脱落。棉铃受害常留下一个空洞，铃内棉絮被污染，易诱致病菌侵染而成为烂铃。

4.2.3 综合防治技术

4.2.3.1 实行秋耕冬灌，压低越冬虫口基数，同 4.3.3.1。

4.2.3.2 种植玉米诱杀带 在棉田两边，种植早熟玉米品种，保证玉米抽雄期与棉田二代棉铃虫产卵期吻合，在二代棉铃虫幼虫孵化高峰期，适时喷药杀灭、减少棉田落卵量。

4.2.3.3 插放杨枝把诱杀 根据田间棉铃虫预测预报情况，在主要危害一、二代棉铃虫发蛾高峰期前 5～7 d，棉田均匀插放杨枝把 90～120 把/hm²。每天清晨及时收把杀蛾。杨枝把每 4～7 d 更换 1 次。杨枝把制作方法：选用 2 年生、叶片较多的枝条，剪成 40～50 cm 长用绳扎成 15～20 cm 的把子，插在木棍上立于棉田，杨枝把应高于棉株 10～20 cm。

4.2.3.4 频振式杀虫灯诱杀 在条件许可的情况下，在棉田半径为 110～120 m、每 4 hm² 左右安置一台频振式杀虫灯，根据预测预报在棉铃虫各代发蛾初期开灯灭蛾。

4.2.3.5 生态防治 利用田边、地头、林带种植一些招引天敌的作物，例如苜蓿、红花、油菜等，改善农田单一的种植结构，可有效增加农田自然天敌的蓄积量，实现增益控害、保益灭害的目的。

4.2.3.6 生物防治 在棉田早期害虫防治中，尽量避免全田喷施化学农药，保护和充分利用棉田自然天敌。在一、二代棉铃虫产卵盛期，释放赤眼蜂 120 万～150 万头/hm²，放蜂 5 次，放蜂间隔期 3～5 d，有效防治二代棉铃虫的发生。

4.2.3.7　药剂防治　根据当地植保部门的虫情监测结果，棉铃虫达到防治指标时，一般在北疆特早熟棉区，二代棉铃虫百株卵和幼虫量达到 50 粒（头），在南疆早中熟棉区，如喀什地区高密度棉田棉铃虫百株卵量达 104 粒，初孵幼虫数量超过 54 头，即可进行药剂防治，并要求在 3 龄幼虫前完成。宜选用生物农药（如 Bt 和 NPV 制剂等）和对天敌杀伤作用小的化学农药（如赛丹等）。在卵孵化始盛期喷施 Bt 制剂 900～1 200 g/hm²，棉铃虫 NPV 制剂（PIB 含量 10 亿/g）600～900 倍液，喷雾量 450 kg/hm²，使用 2 次，间隔期 7～10 d。使用时应注意避免与酸、碱性农药混用，以及在强光下喷雾使用。另外，还可使用拟除虫菊酯农药，如 2.5% 敌杀死和功夫 1 000～1 500 倍药液。

4.3　棉叶螨

俗称红蜘蛛，属蛛形纲螨目叶螨科。危害新疆棉花的叶螨主要有土耳其斯坦叶螨、截形叶螨、朱砂叶螨、冰草叶螨和敦煌叶螨。

4.3.1　形态识别

4.3.1.1　成螨　棉叶螨身体很小，体长 0.4～0.5 mm，雄螨个体还要小一些，叶螨身体不分节，划分为颚部和躯体两部分。4 对足。各种螨的区分主要依据雄螨的生殖器。土耳其斯坦叶螨和敦煌叶螨生长季节体呈黄绿色、绿色、墨绿色，越冬前后呈深红色、红褐色。截形叶螨和朱砂叶螨全年则是锈红色或红褐色。冰草叶螨黄绿色，常吐丝结网。

4.3.1.2　卵　卵圆球形，直径 0.1 mm，初产时无色透明，渐变为淡黄色或深红色。

4.3.1.3　幼螨　幼螨圆形，体长不足 0.2 mm，初孵时无色透明，取食后逐渐变为黄白色，眼为红色，足 3 对。

4.3.1.4　若螨　体长 0.2～0.3 mm，足 4 对。

4.3.2　危害症状

棉叶螨主要危害棉花叶片，严重时也危害棉花蕾铃、苞叶和嫩茎，以针状口器刺入叶肉取食，被害处常出现黄白色小斑点，不久叶片正面出现红色斑点。叶片受害后水分过度蒸发、光合作用降低，随螨量增加受害部分扩大，叶片整个变红，叶柄低垂，叶片微卷叶表丝网密布直至叶片干枯脱落。叶螨危害从下向上逐步蔓延直至叶片全部脱落。遇高温干旱年份发生较重，虫情发生和蔓延十分迅速，有"火龙"之称。

4.3.3 综合防治技术

4.3.3.1 秋耕冬灌，消灭越冬虫源 棉田及棉叶螨其他主要寄主田，如玉米田在 10 月中下旬深翻 20～30 cm，并进行冬灌，可消灭大部分越冬虫源，并可兼治棉铃虫、黄地老虎越冬虫源。

4.3.3.2 保护、利用天敌 在棉田早期害虫防治中尽量避免全田喷施化学农药，注意保护棉田自然天敌，充分利用其控制叶螨危害。

4.3.3.3 喷药防治田边地头杂草上的虫源 在北疆特早熟和早熟棉区，于 6 月上旬前在棉田四周及田埂喷施杀虫剂，消灭杂草上的害螨，封锁田边地埂的害螨扩散到棉田。

4.3.3.4 药剂防治 根据田间害螨的预测预报及时进行防治，在北疆特早熟和早熟棉区一般 7 月中旬前后棉田棉叶螨点片发生时，进行点片药剂喷雾防治控制害虫进一步蔓延和危害，喷雾时应使用专用杀螨剂。7 月下旬至 8 月上旬，如遇持续高温天气棉叶螨有严重发生趋势，当棉叶螨危害造成红叶株率达 10% 以上，应果断用药，全面统一喷雾防治，棉叶螨发生严重的地块应选用专用杀螨剂，如 60% 尼索朗、15% 达螨灵、螨即死、克螨特等喷雾防治，喷药时应注意棉叶正、背面均要喷到，方可取得较好的效果。避免用广谱性杀虫剂，以免大量杀伤天敌。

4.4 棉蓟马

又叫烟蓟马，属缨翅目蓟马科。

4.4.1 形态识别

4.4.1.1 成虫 成虫身体很小，体长 1.1 mm，淡黄色至淡褐色。头部褐色，复眼紫红色；触角 7 节，基部色淡，向端部逐渐变为灰褐色。前翅淡黄色，翅上仅有前后 2 条翅脉，翅缘有许多长的缨毛。

4.4.1.2 卵 卵肾形，长 0.2 mm。

4.4.1.3　若虫　近似成虫，无翅1龄若虫体长约0.4 mm，白色透明。2龄若虫体长约0.9 mm，淡黄色。3龄若虫为前蛹，4龄若虫为伪蛹，与2龄若虫相似，但有翅芽，触角背在头的上方。

4.4.2　危害症状

烟蓟马以唑吸式口器在棉花苗期危害棉花子叶、真叶和生长点，危害子叶和真叶常造成背面银白色斑点，叶正面出现黄褐色斑点，严重时造成烂叶，叶片同时变厚、变脆。危害生长点造成"公棉花"或"多头棉"。

4.4.3　综合防治技术

药剂拌种：药剂拌种是防治棉蓟马的关键措施。目前主要采用85%乙酰甲胺磷原粉1.2 kg拌棉花种子100 kg，拌时可先加微量的水稀释，将稀释的药液直接拌在棉种上；或用45%乙酰甲胺磷乳油1.5～2.0 kg拌种棉花种子100 kg，直接拌种后即可使用。

药剂喷雾：在烟蓟马发生较重的棉区，对于未经拌种处理的棉田，可在棉花出苗后立即进行喷雾防治，使用40%氧化乐果或50%久效磷乳油1 000～1 500倍液喷雾即可，在新疆各棉区一般应在5月上旬完成烟蓟马的防治工作，5月中旬后棉田天敌数量上升。严禁全田喷雾防治。

5　棉花主要病害及其综合防治技术

5.1　病原

5.1.1　棉花黄萎病

棉花黄萎病是由真菌中的半知菌亚门丛梗孢目淡色孢科轮枝菌属的大丽轮枝菌引起。黑白轮枝菌在温室条件下（20～24 ℃）也会造成棉花严重萎蔫。

5.1.2　棉花枯萎病

棉花枯萎病是由真菌中的半知菌亚门丛梗孢目瘤座孢科镰刀菌属尖镰孢菌蚀脉专化型引起。

5.1.3　棉花立枯病

棉花立枯病，又称烂根病，主要由真菌中半知菌亚门丝核菌属茄丝核菌引起，病原物有性态为瓜亡革菌，担子菌业门亡革菌属；无性态为立枯丝核菌。

5.2　危害症状

5.2.1　棉花黄萎病

一般现蕾后才大量发生，常见症状均从下部叶片向上部发展，发病初期，叶缘与叶脉间出现褪绿状的斑块，叶片挺而不萎，斑块逐渐扩大后，叶肉变厚发脆，叶片出现掌状斑纹，似"西瓜皮状"，随后病斑组织呈褐色焦枯状，陆地棉往往呈黄褐色焦枯状，而长绒棉呈深褐色焦枯状。黄萎病病叶一般早期不脱落，重病株到后期叶片由下而上逐渐脱落，蕾铃稀少。有时在茎基部或叶片脱落的叶腋处，长出细小的新枝。在北疆，条件适宜时，在棉株顶部叶片上先出现不规则的失绿斑驳叶片，很快变黄褐色或青枯，病株主茎或侧枝顶端变褐枯死，但叶片或蕾一般悬挂而不脱落，部分病株也有叶片脱落呈光杆状。

落叶型病株最早发现于我国江苏省，目前，除江苏外河南、河北等地也有报道。该类型病株往往发生于盛夏久旱后突遇暴雨或经大水漫灌后，叶片突然萎蔫，呈水渍状，随即脱落成光杆。叶、蕾及小铃在 $1\sim2$ d 可同时全部脱落，植株成光杆后枯死。

棉花黄萎病病株的茎杆及叶柄维管束均呈淡褐色，在潮湿条件下，病叶斑纹上会长出白色霉层，系病菌的菌丝体及分生孢子，但在新疆田间很少见。棉花黄萎病病株经室内分离培养，会产生菌丝和微菌核，便于确诊。

5.2.2　棉花枯萎病

2 片子叶时便可表现症状，到现蕾期达到发病高峰，幼苗期发病往往造成大量死苗。夏季高温后，病害发生趋势逐渐下降，秋季多雨，气温下降，病害发生趋势可再度发展。棉株被枯萎病菌侵染后，可引起叶片变色、皱缩、萎蔫、加厚变脆等症状，直至干枯脱落，植株矮化，节间缩短，甚至枯死。有的病株呈半边枯死，半边存活。棉花枯萎病症状主要分为 5 个类型：

a）黄色网纹型：病株子叶或真叶的叶脉及细脉褪绿变黄，最初呈黄色网纹状，随后变为褐色网纹，叶肉仍保持绿色。叶片叶脉多从边缘开始变黄，之后叶片局部或全部形成黄色网纹，至萎蔫脱落。长绒棉枯萎病症状除上述外，被危害病株蕾、铃的苞叶也呈黄色网纹状，后干枯脱落；

　　b）黄化型：病株子叶或真叶多从叶尖或叶缘开始，局部或全部褪绿变黄，网纹不明显，随后变褐枯死脱落；

　　c）紫红型：病珠子叶或真叶局部变紫红色，后萎蔫枯死；

　　d）（急性）青枯型：叶片不变色而萎蔫下垂，全株青枯干死，或半边萎垂干枯；

　　e）矮缩型：多见于棉株 5 片真叶以后，植株明显矮化，病株节间缩短，叶色浓绿或叶片局部黄化或呈网纹状，一般不枯死。

　　棉花枯萎病危害症状因环境条件变化较大，一般情况下田间多以黄化或黄色网纹型为主；气温转低时常会出现紫红型；气候突变，如雨后迅速转暖，田间多见青枯型，但实际上，棉花枯萎病田间症状往往是几种症状同时表现于同一病株上，只是多寡不一。未死的棉花枯萎病病株有时会长出细小的新枝和新叶。棉花枯萎病均造成棉杆、叶柄的维管束呈黑褐色，经室内保湿或分离培养，会产生菌丝和分生孢子，便于确诊。

5.2.3　棉花立枯病

　　棉花立枯病属于棉花苗期病害，随着棉花生长，成株期棉花对该病的抗性也增强。低温高湿利于棉花立枯病的发生与危害，播种后的棉籽受到病菌侵染，引起棉籽呈黄褐色腐烂状，棉籽不发芽，或即使发芽也不能出土，胚根顶部往往先呈黄褐色腐烂状。棉苗出土后 7～15 d 内，处于最感病时期，易遭受病原菌的危害，症状表现为幼苗根部和幼茎基部，初现黄褐色斑点，后呈长条状或略带纺锤形病斑，多呈现黄褐色凹陷，严重时病斑扩大至幼茎基部四周，缢缩引起倒伏枯死，拔起病苗，茎基部以下的皮层均遗留土壤中，仅存鼠尾状木质部。在病苗、死苗的茎基部及周围、土面常见到白色稀疏菌丝体。

5.3　棉花病害综合防治技术
5.3.1　棉花黄、枯萎病综合防治技术

棉花黄、枯萎病传播途径广，病菌存活时间长，在新疆的发生现状是发生情况复杂、危害重、蔓延快，老病区黄、枯萎病混生，单一病区也有向混生发展的趋势。因此，在防治上应当统筹兼顾，坚持"预防为主，综合防治"的植保工作方针，在防治策略上应当认真执行"保护无病区，控制轻病区，消灭零星病区，改造重病区"。

5.3.1.1　加强植物检疫、保护无病区　严格执行植物检疫制度，在普查的基础上，划定重病区、轻病区、零星病区、无病区。严禁病区种子、带菌棉籽饼和棉籽壳等调入无病区。

5.3.1.2　选用无病种子、建立无病留种基地　加强产地检验，选用无病区种子，在各地区（兵团）棉花生产基地建立无病种子供应基地，并做好提纯复壮，增强种子质量和抗病性。

5.3.1.3　种植抗病品种、改造重病田　推广种植抗病品种是防治棉花黄、枯萎病危害、改造重病区的一种经济有效地防治措施，在种植抗病品种时，一方面应当注意做好提纯复壮工作，确保种子纯度，配套品种栽培管理体系，避免单纯依赖品种自身抗病性；另一方面，应当在县团以上棉花生产基地，建立抗性品种培育和筛选基地，根据市场及品种抗病性表现，确立后续抗性品种，避免因品种抗性退化造成损失。

5.3.1.4　实行轮作倒茬　在重病田采用水稻、小麦、玉米、高粱、苜蓿等作物与棉花轮作，轮作年限最少应在3～5年，可减轻棉花黄、枯萎病的危害，有条件的地方，最好采用稻棉轮作，可有效防治两病的发生危害。

5.3.1.5　种子处理　棉籽采用硫酸脱绒处理，处理后的棉籽可采用2 000倍的抗菌剂402药液，加温至55～60℃，浸种30 min，或用含有效浓度0.3%的多菌灵胶悬剂药液，在常温下浸种14 h，晾干播种。

5.3.1.6　建立适宜的耕作制度、加强栽培管理

5.3.1.7　健全排灌系统，改变棉田生态条件　严禁大水漫灌，避免积水，有条件的地区建议采用滴灌技术，可减轻两病的危害。

5.3.1.8　深翻改土、平整土地　深翻可以将遗留在田间的枯枝、落叶、烂铃及含病菌的表层土等翻埋到土壤深层，减少耕作层土壤病原菌的数量，一定程度上减轻病害的发生。平整土地、精耕细作可促进棉苗生长，增强棉花抗病性。

5.3.1.9　促壮苗早发、加强栽培管理　根据棉花生长发育的需水、肥的规律，及时供给，注重氮磷钾的合适比例，施氮过多易加重病害的发生。适时播种、及时定苗、拔除病苗、弱苗，及时深中耕、勤中耕均有利于减轻病害的发生。

5.3.1.10　土壤处理、消灭零星病点　对零星病田或零星病株，在拔除并清洁出田园销毁后，对病株处土壤进行消毒。

5.3.1.11　清洁棉田、杜绝病菌传播　要重视棉田清洁工作，杜绝病菌的不断传播，结合病害调查和农事操作，清洁间苗、定苗后的病苗弱苗以及病枝落叶和烂铃，携出田外集中烧毁或挖坑深埋。

5.3.2　棉花立枯病综合防治技术

　　新疆地处北温带大陆性干旱气候区，气候变化较大，倒春寒时有发生，是引起棉花烂根、烂种的重要气候因素之一，因此，选择适宜的播期、采用药剂防治和加强栽培管理等综合措施是有效防治该病的重要手段。

5.3.2.1　选用优质良种，适期播种　高质量棉种是培育壮苗的基础。根据农业气候条件，选择适期播种，提高播种质量，有利于促使棉苗迅速出土，生长健壮，增强抗病能力。

5.3.2.2　轮作倒茬　粮棉轮作能有效减轻病害发生，有条件的地区，最好采用与水稻轮作2～3年，能明显减轻病害的发生。

5.3.2.3　秋耕冬灌　棉田深翻，有利于减少土壤耕作层病原菌数量。疏松土层，冬灌棉田，可防止春灌造成土壤过湿，能使春季播种时地温迅速回升，利于出苗，增强棉苗抗病性。

5.3.2.4　种子处理　棉种需经硫酸脱绒，并存放于通风、干燥、阴凉的地方，以防发芽、滋生霉菌等，贮藏种子的含水量不得超过

11%。播前 15～30 d 晒种 30～60 h，促进种子后熟，增强种子抗逆能力。用药剂处理棉种可以减轻土壤病原菌的侵染危害，选择好的种子处理药剂，可有效防治棉花烂根、烂种病的发生。药剂处理棉种通常分为一般药剂拌种和种衣剂拌种，处理药剂多以敌克松、多菌灵等为主要成分，无论采用哪种化学药剂，都应当选择质优并取得"三证"的正规厂家或公司的产品。

种衣剂与棉种之比通常为 1：(25～60)，依据种衣剂说明书拌种，10～20 min 后即可在棉种表面成膜，晾干后待播。

5.3.2.5 加强苗期管理 棉苗出土后，及时间苗、定苗以及中耕松土，去除弱苗、病苗，促进棉苗健壮生长，增强棉苗抗病能力。